Shaima Mahmood
Luay Abbas

Efeito do alho e da semente preta na carpa comum jovem

Shaima Mahmood
Luay Abbas

Efeito do alho e da semente preta na carpa comum jovem

Efeito da Dieta Suportada com Alho, Semente Preta e a sua Combinação na Carpa Comum Jovem

ScienciaScripts

Imprint
Any brand names and product names mentioned in this book are subject to trademark, brand or patent protection and are trademarks or registered trademarks of their respective holders. The use of brand names, product names, common names, trade names, product descriptions etc. even without a particular marking in this work is in no way to be construed to mean that such names may be regarded as unrestricted in respect of trademark and brand protection legislation and could thus be used by anyone.

Cover image: www.ingimage.com

This book is a translation from the original published under ISBN 978-3-659-58110-6.

Publisher:
Sciencia Scripts
is a trademark of
Dodo Books Indian Ocean Ltd. and OmniScriptum S.R.L publishing group

120 High Road, East Finchley, London, N2 9ED, United Kingdom
Str. Armeneasca 28/1, office 1, Chisinau MD-2012, Republic of Moldova, Europe
Printed at: see last page
ISBN: 978-620-8-27375-0

Agradecimentos

Em primeiro lugar, gostaria de agradecer a Deus por me ter dado paciência e força para realizar este trabalho. No decurso do meu trabalho, usei os meus sinceros agradecimentos e apreciações à presidência da Universidade de Sulaimani, em particular ao Decanato da Faculdade de Agricultura, Ciência e Departamento de Produção Animal. Antes de mais, gostaria de expressar a minha sincera gratidão ao meu orientador, dr. Luay Muhamad Abus pelo apoio contínuo ao meu estudo e investigação de mestrado, pela sua paciência, motivação, entusiasmo e imenso conhecimento. A sua orientação ajudou-me durante todo o tempo de investigação e redação desta tese. Não podia imaginar ter um melhor orientador e mentor para o meu estudo de mestrado.

Agradeço ao Dr. Saman Abdul-Majid, ao Prof. Dr. Nazhad Noori Maeruf, ao Prof. Dr. Nadir Salman, à Dra. Nasreen Mohidin, ao Dr. Zaid khalaf khidir e ao Dr. Abdul-kareem jassm.

Agradeço também aos meus amigos Muhamad, Mustafa, Alyas, Zana, Srood, Aram, Mahdi, Paiman, Shadya, Zainab, Vyan e Kwestan pela sua ajuda no laboratório de peixe.

Por último e mais importante, gostaria de manifestar a minha profunda gratidão e reverência à minha família pelo seu amor incessante, apoio contínuo, conselhos e encorajamento ao longo de toda a minha vida.

Shaima

ÍNDICE

LISTA DE ABREVIATURAS

AOAC	ASSOCIATION OF OFFICIALLY ANALYTICAL CHEMSTS
AWG	AVERAGE WEIGHT GAIN
ADG	AVERAGE DAILY GAIN
BS	BLACK SEED
CBC	COMPLETE BLOOD COUNT
CF	CONVERSION FACTOR
CHO	CHOLESTROL
DM	DRY MATTER
DO	DISSOLVED OXYGEN
DWG	DAILY WEIGHT GAIN
FCR	FEED CONVERSION RATIO
FER	FEED EFFICIENCY RATIO
FL	FEMOTO LITERS
G	GRAVITY
GRAN	GRANULOCYTE
HB	HEMOGLOBIN
LDL-C	LOW-DENSITY PROTEIN CHOLESTROL
LDH	LACTATE DEHYDROGENASE
LYMPH	LYMPHOCYTE
MCH	MEAN CORPUSCULAR HEMOGLOBIN
MCHC	MEAN CORPUSCULAR HEMOGLOBIN CONCENTRATION
MCV	MEAN CORPUSCULAR VOLUME
MON	MONOCYTE
PCV	PACKED CELL VOLUME
PG	PICO GRAMS
PER.	PROTIEN EFFICIENCY RATIO
PLT	PLATELET
RBC	RED BLOOD CELL
RGR	REALATIVE GROWTH RATE
RWG	RELATIVE WEIGHT GAIN
SAC	SULFER ALLYLE CYCTINE
SOD	SUPPER OXIDE DISMUTASE
SGR	SPECIFIC GROWTH RATE
T-CELL	THYMUS CELL
VB1	THIAMIN
VB2	RIBOFLAVIN
VB6	PYRIDOXIN
VC	ASCORBIC ACID
WBC	WHITE BLOOD CELL

CAPÍTULO 1

INTRODUÇÃO

A aquicultura é a criação de organismos aquáticos em zonas interiores e costeiras, envolvendo a intervenção no processo de criação para aumentar a produção do stock que está a ser cultivado (FAO, 2012). Prevê-se que a procura mundial total de peixe e produtos da pesca aumente em quase 50 milhões de toneladas, para 183 milhões de toneladas até 2015, e espera-se que, deste aumento, 73% provenha da aquacultura, representando 39% da produção global de peixe (FAO, 2010). Os produtos da aquacultura mais comuns são peixes omnívoros de água doce, a maioria dos quais da família dos ciprinídeos (Mazurkiewicz, 2009).

A carpa comum *(Cyprinus carpio* L.) é a principal espécie aquícola em muitos países europeus, asiáticos e latino-americanos (Aprodu *et al.,* 2012). A carpa contribui com mais de 70% da produção da aquicultura interior na Ásia e no mundo e é considerada o principal fornecedor de proteínas de peixe através da aquicultura (Acosta e Gupta, 2005). A carpa comum é cultivada extensivamente em todo o mundo devido ao seu crescimento rápido, à sua natureza alimentar omnívora e à sua tolerância a uma vasta gama de temperaturas e de qualidade da água, podendo esta espécie de peixe alimentar-se em qualquer parte de qualquer sistema aquático (Jain, 2002). A produção de carpa foi de 20,4 milhões de toneladas, o que equivale a 71,1% da produção total de água doce a nível mundial (FAO, 2010).

Foi dada especial atenção aos aditivos alimentares que servem propósitos especiais, tais como requisitos de micronutrientes, controlo de doenças, ativação do sistema imunitário e alguns outros propósitos nutricionais e fisiológicos, a utilização de ervas como medicamentos na gestão de doenças está a ganhar sucesso, porque os medicamentos à base de plantas são rentáveis, amigos do ambiente e têm efeitos secundários mínimos. A inclusão de suplementos alimentares à base de plantas proporciona frequentemente uma ação cooperativa para várias funções fisiológicas (Madhuri *et al.,* 2012). Os mesmos autores postularam que os medicamentos tradicionais à base de plantas parecem ter o potencial de imunoestimulação, assim, o uso de ervas é uma alternativa aos antibióticos na gestão da saúde dos peixes. O sistema imunitário não específico dos peixes é a primeira linha de defesa contra a invasão de agentes patogénicos. Os neutrófilos e fagócitos, a lisozima e o complemento são alguns índices importantes da imunidade não específica dos peixes (Ahilan *et al,* 2010).

Os aditivos à base de plantas melhoraram o crescimento dos peixes e protegeram-nos de doenças (Johnson e Banerji, 2007). As ervas não só são seguras para os consumidores, como também estão amplamente disponíveis em toda a Ásia e desempenham um papel importante na aquicultura (Ahilan *et al.,* 2010). O efeito sinérgico das ervas foi registado em muitos peixes, incluindo a solha japonesa (Ji *et al.,* 2007) e o peixe-gato *Clarias gariepinus* (Turan e Akyurt, 2005). A utilidade benéfica dos promotores de crescimento à base de plantas como aditivo na alimentação da carpa foi observada por Madhuri *et al.* (2012).

A semente preta *(Nigella sativa)* é cultivada na região mediterrânica e na Ásia (Diab, *et al.* 2008). Alguns investigadores utilizaram as sementes pretas como potenciador do crescimento e do sistema imunitário de algumas espécies de peixes, sendo uma fonte de proteínas promissora utilizada na alimentação de peixes (Abd-Elmonem *et al.* 2002; John *et al,* 2007). Por outro lado, o alho *(Allium sativum)* foi também utilizado como promotor de crescimento na tilápia *Orchorhynchus niloticus* (Diab *et al,* 2002), tendo aumentado o ganho corporal, o consumo de ração e a eficiência alimentar. Obteve resultados semelhantes no estudo efectuado por Abd-Ellatif e Ebraheem, (1996).

O alho na alimentação dos peixes diminui o colesterol total e as lipoproteínas de baixa densidade (LDL-C), para além de reduzir a pressão sanguínea (Adler e Holub,1997). O consumo do seu pó pode diminuir a acumulação de lípidos no fígado, aumentar a excreção de ácidos biliares totais nas fezes e aumentar a capacidade antioxidante em hamsters (Yaoling *et al.,* 1998).

É uma condição normal que muitas espécies de peixes podem experimentar em ambientes naturais, como parte do seu ciclo de vida, tanto como consequência de mudanças sazonais na temperatura da água ou migração que pode causar uma falta de alimentos ou, em maior medida, a depleção de alimentos (Caruso *et al.,* 2011). Em condições de aquacultura bem geridas, a privação de alimento não é frequente, mas os aquicultores podem adotar condições semelhantes para os peixes cultivados, a fim de evitar riscos de sobreprodução

(Krogdhal e Bakke-Mckellep, 2005).

Uma resposta comum do metabolismo dos peixes à limitação ou privação de alimentos consiste na mobilização de reservas de nutrientes e de energia armazenadas no fígado e nos músculos esqueléticos, com uma subsequente perda de peso corporal (Navarro e Gutierrez, 1995). Na carpa comum em estado de fome, o metabolismo dos nutrientes é reorganizado através de uma diminuição da glicólise e da lipogénese (Shimeno *et al.*, 1997).

A fome pode também induzir alterações no sistema cardiorrespiratório (Vosyliene e Kazlauskiene, 1999), bem como na composição corporal e no consumo de energia (Cook *et al.*, 2000).

O objetivo do presente trabalho é estudar o efeito combinado da adição de sementes pretas e alho em pó em diferentes níveis à dieta dos peixes, juntamente com ensaios de fome:

1- Desempenho do crescimento dos peixes.

2- Parâmetros sanguíneos e resposta sanitária.

3- Composição da carne do corpo do peixe.

CAPÍTULO 2

REVISÃO DA LITRAGEM

2.1 Planta medicinal

A planta medicinal contém muitos componentes imunologicamente activos, tais como polissacáridos, ácidos orgânicos, alcalóides, glicosídeos e óleos voláteis, que podem melhorar as funções imunitárias (Pandey *et al.*, 2012). Por conseguinte, as plantas medicinais têm sido utilizadas como medicamento para tratar diferentes doenças dos peixes em muitos países (Yin *et al.*, 2008). A maioria dos aditivos à base de plantas sugeridos, como a semente preta e o alho, estão disponíveis localmente no Iraque e podem ser utilizados com segurança. A maioria das ervas desempenhou um papel vital nas actividades de aquicultura na Ásia (Ahlian *et al.*, 2010), uma vez que são consideradas como promotores de crescimento, para além dos seus benefícios médicos (Johnson e Banerji, 2007).

Muitos estudos provaram que os aditivos à base de plantas aumentam o crescimento dos peixes e protegem-nos de doenças. As ervas não só são seguras para os consumidores, como também estão amplamente disponíveis em toda a Ásia e têm um papel significativo na aquicultura (Ahilan *et al.*, 2010). A inclusão de suplementos alimentares à base de plantas proporciona frequentemente uma ação de cooperação em várias funções fisiológicas (Madhuri *et al.*, 2012).

2.1.1 Semente preta

2.1.1.1 Origem e história

A Nigella sativa L. (família Ranunculaceae), vulgarmente conhecida como semente preta ou cominho preto, é originária do sul da Europa, do norte de África, do sul e do sudoeste da Ásia e tem sido tradicionalmente utilizada desde a antiguidade como uma importante planta medicinal e especiaria (Padhye *et al*, 2008). *N. sativa* é uma das plantas domesticadas mais antigas conhecidas e as suas sementes foram alegadamente encontradas no túmulo de Tutankhamon (Zohary e Hopf, 2000). A semente preta é uma erva, a sua semente é utilizada no tratamento de várias doenças e a sua semente e óleo têm uma longa história de utilização folclórica na civilização árabe e indiana e são utilizados na alimentação e na medicina (Williamson, 2002). As sementes de cominho preto têm sido utilizadas como condimento e como medicamento em muitas culturas ao longo da história (Chevallier, 1996).

Na antiga Babilónia, a planta era utilizada externamente para tratar o inchaço, o cabelo e as contusões, e internamente para curar problemas de estômago (Levey, 1966). É utilizada há milhares de anos como especiaria e conservante de alimentos, bem como remédio protetor e curativo para numerosas doenças (Al-Huqail e Al-Saad, 2010) . Médicos clássicos como Hipócrates e Galeno descreveram o uso de cominho preto para tratar várias doenças, incluindo infecções no nariz, dioscórides descreveu a planta e as suas sementes pretas com o seu cheiro pungente, e relata o seu uso como alimento e para fins curativos para tratar dores de cabeça e dores de dentes, para curar doenças dos olhos e da pele e lepra, para eliminar vermes intestinais, para acelerar a menstruação, para aumentar o fluxo de urina e o fluxo de leite, e para repelir cobras (Padhye *et al.*, 2008).

Na cultura islâmica, é considerada como uma das maiores formas de medicina curativa disponíveis. O Profeta Maomé afirmou uma vez que a semente preta pode curar todas as doenças exceto a morte, *N. sativa* L. tem sido usada tradicionalmente durante séculos no Médio Oriente, Norte de África e Índia para o tratamento de várias doenças (Al-Ghamdi, 2001; Gilani *et al*, 2004).

2.1.1.2 Classificação da semente preta

A classificação das sementes pretas aqui mencionada segue a registada por (Tembhurne *et al.*, 2014):

Reino: Plantae

Sub-reino: Tracheobionata (planta vascular)

Supervisão: Espermatófito

Ordem: Ranunculales

Família: Ranunculaceae (família da chávena de manteiga)

Géneros: *Nigella*

Espécie: *sativa*

Nigella sativa L.

2.1.1.3 Descrição

A planta é uma erva erecta profusamente ramificada que pode atingir alturas de 40 e até 70 cm, tem folhas alternas, flores brancas terminais e frutos semelhantes a cápsulas (El-Tahir e Bakeet, 2006), e estes últimos estão cheios de sementes pretas ovóides ou piramidais com comprimentos e larguras que variam de 2,5 a 3,5 mm e larguras de 1,5 a 2 mm, respetivamente.

Figura (1): Floração da planta de sementes pretas

2.1.1.4 Composição química

Historicamente, as investigações químicas sobre as sementes de *N. sativa* começaram no ano de 1880, quando Greenish publicou o primeiro relatório sobre a presença de 37% de óleo e 4,1% de cinzas (sais de cálcio) nas sementes (El-Tahir e Bakeet, 2006). A composição química geral das sementes é apresentada no quadro 1.

Quadro 1: Composição química das sementes de *Nigella sativa*

Constituinte	Faixa de %
Óleo	31-35.5
Proteína	16-19.9
Hidratos de carbono	33-34
Fibra	4.5-6.5
Cinzas	3.7-7
Saponinas	0.013

Humidade	5-7

De acordo com (Menounos *et al.*, 1986)

A semente preta *(N. sativa* L.) contém várias moléculas bioactivas que incluem timoquinona, timol, tocoferóis, tocoferol, trans-retinóis e selénio. Estes ingredientes funcionais estão predominantemente presentes no seu óleo fixo e essencial (Sultan *et al.*, 2009). As sementes *de Nigella sativa* também contêm proteínas, alcalóides (nigelicinas e nigelledina) e saponinas (a-hederina) em quantidades substanciais. As sementes pretas contêm quantidades apreciáveis de ácidos gordos insaturados, especialmente poli-insaturados (48 a 70%), enquanto os ácidos gordos monoinsaturados (18 a 29%) e saturados (12 a 25%) estão em menor proporção (Sultan *et al.*, 2011). Para além de um melhor perfil de ácidos gordos, contém quantidades consideráveis de tocoferóis e compostos bioactivos associados, além disso, a presença de fitoesteróis nas quantidades de 0,33 a 0,36% reforça ainda mais as suas perspectivas hipoglicémicas e hipolesterolemicas (Cheikh-Rouhou *et al.*, 2008).

2.1.1.5 Utilização de sementes pretas

Investigações farmacológicas recentes sugeriram o seu papel potencial, especificamente para a melhoria do stress oxidativo através da atividade de eliminação de radicais livres, a indução de apoptose para curar várias linhas de cancro, a redução da glicose no sangue e a prevenção de complicações da diabetes (Sultan *et al.*, 2010) . Os mesmos autores postularam que regula os aspectos hematológicos e serológicos e pode ser eficaz na dislipidemia e nos distúrbios respiratórios; além disso, o seu papel imunopotenciador e imunomodulador traz equilíbrio ao sistema imunitário. Existem provas que apoiam a utilização de *N. sativa* e dos seus componentes bioactivos numa dieta diária para melhorar a saúde (Butt e Sultan, 2010). O cominho preto é um candidato promissor nas modificações dietéticas e pode ser utilizado diretamente na dieta diária ou adicionado como ingrediente funcional em produtos à base de cereais (Ramadan e Morsel, 2003).

As múltiplas utilizações da *N.sativa* na medicina popular incentivaram muitos investigadores a isolar os seus componentes activos, incluindo: timoquinona, timo-hidroquinona, ditimoquinona, timol, carvacrol, N-óxido de nigelimina, nigelicina, nigelidina e alfa-hederina (Randhawa e Alghamdi, 2011). De acordo com Randhawa e

Alghamdi, (2002), foi realizado um grande número de estudos in *vitro* e in *vivo* em animais de laboratório e em seres humanos para investigar as suas propriedades farmacológicas, como a imunoestimulação, as propriedades anti-inflamatórias, hipoglicémicas, anti-hipertensivas, antiasmáticas, antimicrobianas, antiparasitárias, antioxidantes e anticancerígenas. Estudos de toxicidade aguda e crónica em animais de laboratório relataram que *a N. sativa, o* seu óleo e a timoquinona são bastante seguros, particularmente quando administrados por via oral (Al-Ali *et al.*, 2008). Os extractos das sementes pretas têm muitos efeitos terapêuticos, como antidiabetes, antibacterianos e antitumorais (Hussein *et al.*, 2005).

2.1.1.6 Efeitos anti-microbianos e de estimulação imunitária

A utilização de aditivos naturais para a alimentação animal tem sido importante para minimizar os efeitos adversos dos tratamentos hormonais e antibióticos, especialmente a acumulação (Abd-Ellatif *et al.*, 2004). Estudos recentes em humanos e peixes demonstram o potencial efeito imunoestimulador e as propriedades antibacterianas e antifúngicas da semente preta (Khalil *et al,* 2001; Diab *et al,* 2002, 2008). Pode inibir o crescimento microbiano e tem atividade anti-helmíntica (Agarwal *et al.*, 1997). Estas sementes aumentam a secreção hormonal da hormona da tiroide e da insulina e os extractos aquosos e de óleo das sementes possuem actividades antioxidantes, anti-inflamatórias, anticancerígenas, analgésicas e antimicrobianas (Gali-Muhtasib *et al.*, 2006).

2.1.1.7 Sementes negras em alimentos para peixes

O sistema de defesa dos peixes é muito importante contra os microrganismos, pelo que a utilização de matérias orgânicas, inorgânicas ou sintéticas como imunoestimulantes tem sido utilizada como uma melhor alternativa aos antibióticos para controlar as doenças dos peixes (Findlay e Munday, 2000; Cuesta *et al.*, 2004). Assim, na última década, tem havido um interesse crescente na modulação do sistema imunitário não específico dos peixes, tanto como tratamento como como medida profiláctica contra as doenças (Mirsa *et al.*, 2006). As dietas preparadas não só fornecem os nutrientes essenciais necessários para o funcionamento fisiológico normal, como também podem servir de meio através do qual os peixes podem receber outros componentes que podem afetar a sua saúde (Gatlin, 2002). Os aditivos alimentares, como os probióticos ou as plantas medicinais, melhoram não só a taxa de crescimento, como também podem estimular positivamente os mecanismos de defesa não específicos dos peixes. podem modular os sistemas imunitários das mucosas, aumentando a sua resistência aos agentes patogénicos entéricos e melhorando assim a sobrevivência e o crescimento das tilápias (Gullian e Thompson, 2004; Eid e Mohamed, 2008).

A semente preta, *N. sativa,* uma erva anual que pertence à família botânica das Ranuculaceae, mostrou efeitos fungicidas antibacterianos (Akgul, 1989). As sementes de cominho preto têm sido utilizadas como potenciadoras do desempenho, do crescimento e do sistema imunitário de algumas espécies de peixes (Abdel-Ghaffar *et al,* 2003; Diab *et al.,* 2008).

2.1.2 Alho

2.1.2.1 História

Embora o seu local exato de origem seja desconhecido, a maioria dos especialistas concorda que o alho cultivado hoje em dia em todo o mundo teve origem algures na Ásia Central, tendo-se depois espalhado pela China, pelo Próximo Oriente e pela região mediterrânica, antes de se deslocar para oeste, para a Europa Central e do Sul, para o Norte de África (Egito) e para o México (Lutomski, 1987). Pode ter evoluído a partir de um antepassado selvagem, *A. longicuspis* (Engeland, 1991; Facciola, 1998; Tucker e Thomas, 2000).

Os registos da utilização do alho remontam a cerca de 5 000 anos na China e na civilização suméria da antiga Mesopotâmia (Belsinger, 2003; Bergner, 1996; Holder e Gaile, 1996). Os comerciantes trouxeram o alho para o Egito, Índia, Europa e outras partes do mundo e há quem acredite que os espanhóis introduziram o alho na América do Norte nos anos 1500 (Small, 1997). Ao longo dos anos, o alho tem sido conhecido por muitos nomes, incluindo "rosa fedorenta" e melaço de pobre (ou cura-tudo), o nome latino, *A. sativum,* significa "cebola cultivada", o que sugere que o alho pode ter sido uma das primeiras plantas a ser cultivada pelo homem (Tucker e Thomas, 2000).

O alho é provavelmente uma das primeiras plantas medicinais conhecidas. (Lewis e Elvin-Lewis, 2003). Os seus bolbos (cravos-da-índia) eram utilizados como remédio no antigo Egito (Wichtl, 2004). Nos textos médicos da Índia antiga, o alho era recomendado contra a lepra (Castleman, 2001). O alho continua a ser popular entre as tradições de cura tradicionais do México (Adame e Adame, 2000), bem como como suplemento de saúde nos Estados Unidos (Blumenthal, 2003).

2.1.1 .2 Classificação

A posição taxonómica de *Allium* e dos géneros relacionados foi durante muito tempo objeto de controvérsia (Fritsch e Frisens 2002). Foi adoptada a seguinte classificação, que se baseia principalmente nas sequências de ADN ribossómico nuclear (Takhtajan 1997): Reino: Planta Classe: Liliopsida Subclasse: Liliidae Superordem: Liliianae Ordem: Amaryllidales Família: Alliaceae Subfamília: Allioideae

Tribo: Allieae

Género: *Allium*

Espécies: *Allium sativum*

2.1.2.3 Descrição

Lanzotti (2006) afirmou que o alho, tal como a cebola, difere desta no bolbo do alho, que é constituído por vários bolbos, sendo cada bolbo pequeno Figura (2), uma planta perene com folhas estriadas, conhecidas como lóbulos foliculares, que são cobertos por uma crosta branca. Estes lóbulos fazem parte do uso médico no tratamento ou prevenção de várias doenças após esmagamento ou moagem ou uso de água, ou álcool para dentes de alho, que é usado em muitas aplicações alimentares e medicina tradicional como anti-bacteriano (Agatha, 2012) .

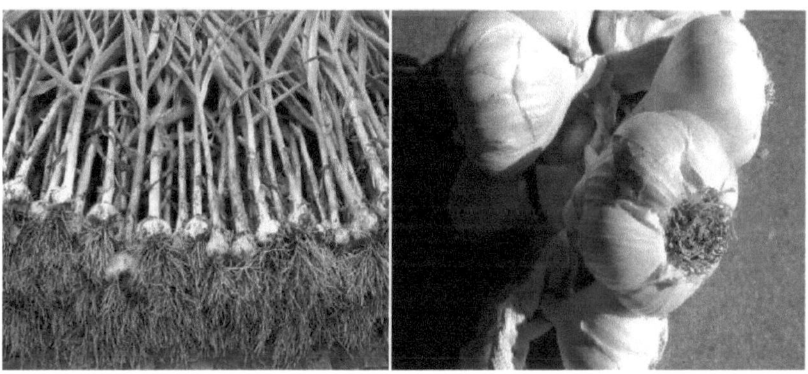

Figura (2): A planta inteira do alho (esquerda) e as partes comestíveis (direita)

matar bactérias, fungos, reduzir cada um (pressão arterial, colesterol no sangue e açúcar no sangue), prevenir a coagulação do sangue e contém propriedades anti-tumorais. Também pode reforçar o sistema imunitário para combater potenciais doenças e manter a saúde (Abdullah *et al.*, 1988). Tem a capacidade de estimular o sistema linfático, o que acelera a remoção de produtos residuais do corpo; é também considerado um antioxidante eficaz para proteger as células contra os danos causados pelos radicais livres. O alho pode contribuir para prevenir algumas formas de cancro, doenças cardíacas, acidentes vasculares cerebrais e infecções virais.

Só o alho pode fornecer-nos mais de duzentas substâncias químicas invulgares que têm a capacidade de proteger o corpo humano de uma grande variedade de doenças (Gebreyohannes e Gebreyohannes, 2013). Os compostos contendo enxofre encontrados no alho proporcionam proteção ao corpo humano, estimulando a produção de certas enzimas benéficas (Mansell e Reckless, 1991).

O composto de enxofre mais abundante no alho é a alliina (sulfóxido de S-alilcisteína), que está presente a 10 e 30 mg/g no alho fresco e seco, respetivamente (Lawson, 1998). A preparação típica de alimentos com alho, como cortar, picar e esmagar, perturba o sulfóxido de S-alilcisteína e expõe-no às enzimas allinase, convertendo-o rapidamente em tiossulfinato de dialilo, que liberta o aroma caraterístico do alho (Gebreyohannes e Gebreyohannes, 2013).

A enzima alinase responsável pela conversão do dialil tiossulfanato torna-se inactivada abaixo de um pH de 3,5 ou com aquecimento (Pedrazza-Chaverri *et al.*, 2006). Embora a alicina seja considerada o principal composto antioxidante e de limpeza, estudos recentes mostram que outros compostos podem desempenhar papéis mais importantes, como os compostos polares de origem fenólica e esteroidal, que oferecem várias propriedades farmacológicas sem odor e são também estáveis ao calor (Lanzotti, 2006).

2.1.2.7 Utilização de alho em alimentos para peixes

2.2 Impacto no crescimento

Diab *et al.* (2002) registaram um elevado desempenho em termos de crescimento na tilápia do Nilo *O. niloticus* alimentada com 2,5% de alho em pó / kg de dieta). A adição de alho em pó à dieta dos peixes levou a um aumento da taxa de ingestão de alimentos, estimulando o crescimento e aumentando o valor da conversão alimentar. Num dos testes realizados em trutas arco-íris para observar o efeito de diferentes concentrações de alho em pó a 5%, 10%, 15%, 20% no crescimento, a melhor taxa de crescimento foi encontrada no grupo alimentado com uma dieta contendo uma elevada concentração de alho, com melhor sobrevivência e atividade em comparação com o grupo de controlo (Nye e Austin, 2009).

Abou-Zeid (2002) demonstrou que a suplementação com *Allium sativum* afectava positivamente a biomassa *de Oreochromis niloticus* e a taxa de crescimento específico (SGR). O consumo de ração aumentou com o aumento dos níveis de *A. sativum* e de cloranfenicol, enquanto a taxa de conversão alimentar diminuiu com o aumento dos níveis de *A. sativum* e aumentou com o aumento dos níveis de cloranfenicol (Shalaby *et al.*, 2006). Khattab *et al.*, (2004) descobriram que a dieta de Biogen contendo alho aumentava o consumo de ração, o rácio de conversão alimentar (FCR), o rácio de eficiência proteica (PER) e a composição corporal (proteína bruta, extrato etéreo, cinzas e humidade) dos peixes. Nos estudos de Dias *et al.*, (2002); Metwally (2009), foi registado um desempenho de crescimento mais elevado nos peixes alimentados com dietas suplementadas com alho.

Qureshi *et al.*, (1983) não registaram diferenças nos pesos corporais finais em relação aos pesos corporais iniciais de frangas alimentadas com dietas com vários produtos de alho a níveis iguais a cerca de 50 kg/l de bolbo de alho adicionado. Ndong e Fall (2007) relataram que uma dieta suplementada com alho resultou numa diminuição do ganho de peso corporal em juvenis de tilápia híbrida (*O. niloticus* x *O. aureus)* alimentados com dietas suplementadas com 0,5 g/kg de alho durante 4 semanas. Foi observado um aumento semanal do comprimento total dos peixes nos tratamentos e nos peixes de controlo.

2.3 Impacto nos parâmetros sanguíneos

Ndong e Fall (2007) relataram que a contagem de glóbulos brancos (WBC) aumentou significativamente em juvenis de tilápia híbrida alimentados com 1% e 0,5% de dieta suplementada com alho. Parece que 0,5 g/kg é a concentração que estimula e melhora as funções imunológicas do sangue. Esta concentração é adequada para o aumento global da resistência dos peixes a factores de stress ambiental. Lee *et al.*, (1999) relataram que o alho aumentou os níveis de glutatião nos glóbulos vermelhos. No seu estudo, um aumento da contagem de glóbulos vermelhos coincide com um aumento semelhante dos níveis de hemoglobina.

Seeley *et al.*, (1992) mostraram que qualquer aumento dos glóbulos vermelhos do sangue (RBC) nos peixes ajudará a aumentar o transporte de oxigénio das brânquias para os vários tecidos do corpo, uma ação levada a cabo pela hemoglobina encontrada nos RBC. De acordo com (Dias *et al.*, 2002), o alho aumenta a atividade da superóxido dismutase (SOD) no soro sanguíneo e este fenómeno tem sido utilizado em piscicultura para aumentar a atividade do sistema de defesa não específico em *O. niloticus.*

2.4 Fome

2.4.1 Impacto no crescimento

Os peixes são capazes de lidar com longos períodos de restrição alimentar devido a limitações na base forrageira, eventos climáticos e durante certas fases do seu ciclo reprodutivo (Davis e Gaylord, 2011). Durante a inanição ou o jejum, os peixes empregam várias respostas comportamentais, fisiológicas e estruturais para mobilizar reservas de energia para cobrir as suas necessidades metabólicas. Estas respostas podem incluir a diminuição do fator de condição geral, alterações do conteúdo lipídico e dos metabolitos sanguíneos e/ou da massa muscular e dos órgãos (Navarro e Gutierrez, 1995).

No entanto, quando a realimentação é retomada, os peixes em jejum apresentam taxas de crescimento excecionalmente rápidas, conhecidas como crescimento compensatório (catch up) (Ali *et al.,* 2003). Embora não esteja totalmente esclarecido, este fenómeno pode dever-se a uma hiperfagia (aumento do apetite) (Saether e Jobling, 1999; Chatakondi e Yant, 2001; Ali *et al.,* 2003; Nikki *et al.,* 2004), provocada por uma rápida síntese proteica (Quinton e Blake, 1990) e pela reposição das reservas energéticas (Alvarez e Nicieza, 2005).

A disponibilidade de alimentos pode variar muito em muitos ambientes aquáticos; consequentemente, muitos animais aquáticos, incluindo os peixes, podem passar frequentemente por períodos de fome. A fome natural pode ser causada por ciclos de marés, diários ou sazonais, alterações ecológicas a longo prazo ou perturbações antropogénicas graves (McCue, 2010). Além disso, a restrição ou privação de alimentos durante períodos curtos pode também ser adoptada pelos piscicultores como estratégia de gestão para reduzir a mortalidade devida a surtos de doenças (Shoemaker *et al.*, 2003) ou para resolver problemas de qualidade da água e reduzir o stress do manuseamento (Davis e Gaylord, 2011).

Oportunidades para estudar as adaptações fisiológicas à inanição (Navarro e Gutierrez, 1995). Sabe-se que a inanição determina alterações significativas na fisiologia dos peixes, nomeadamente nos seus padrões de enzimas metabólicas, rácio ARN/ADN e proteínas (Navarro e Gutierrez, 1995; Hung *et al.*, 1997; Shimeno *et al.*, 1997), cuja gravidade pode variar consoante a idade do peixe e a duração desta condição (Alliot *et al.*, 1984; Gutiérrez *et al.*, 1991;Echevarría *et al.*, 1997).

2.4.2 Efeito da fome no metabolismo dos peixes.

A inanição é sentida pela maioria das espécies de peixes durante certos períodos do ano, em grande parte devido às condições ambientais, e afecta diferentes órgãos de diferentes formas: o fígado e o músculo são os primeiros a ser afectados, enquanto o cérebro e o coração não apresentam qualquer depleção; a inanição também afecta a fisiologia e outros constituintes dos peixes (Rajyasree e Naidu, 1989; Mukhopadhyaya *et al.*, 1991; Chin e Shin, 1992; Lie e Huse, 1992; Deng *et al.*, 1993). Observou-se que a concentração relativa ou as quantidades de diferentes enzimas glicolíticas são bem conservadas durante períodos de fome, apesar de uma grande diminuição das actividades totais das enzimas (Mommsen *et al.*, 1980; Sullivan e Somero; 1983; Lowery *et al.*, 1987; Lowery e Somero, 1990).

Foram demonstradas alterações induzidas pela fome no músculo vermelho e branco do robalo legítimo *(Paralabrax nebulifer)* em relação às actividades de algumas enzimas glicolíticas, incluindo a lactato desidrogenase (LDH) (Lowery e Somero, 1990). Chandra (1983) registou o efeito da inanição no nível sérico da fosfatase ácida e da transaminase glutâmica pirúvica sérica. Borah e Yadav (1996) trabalharam sobre a resposta bioquímica e hematológica à inanição em *Heteropneustes fossilis,* tendo assinalado a diminuição da atividade da lactato desidrogenase no fígado e nos músculos em função da inanição.

CAPÍTULO 3
MATERIAIS E MÉTODOS

3.1 Peixes e tanques experimentais

Os juvenis de carpa comum *(C. carpio)* foram obtidos numa maternidade local situada em Daqoq, a sul de Kirkuk. Um número total de 270 peixes com peso entre 29-30g foi comprado e utilizado para este estudo. Os peixes foram selecionados de acordo com o seu tamanho e depois pesados e colocados em tanques de plástico ovais experimentais com uma capacidade de (100 L) cada. Os peixes foram distribuídos aleatoriamente em 26 tanques de plástico à razão de 10 peixes por tanque. Três tanques com 30 peixes foram utilizados como réplicas para cada tratamento. Durante o período de acumulação (20 dias) os peixes foram alimentados até à saciedade com uma dieta de controlo contendo 24-25% de proteínas. A experiência foi realizada durante 8 semanas no laboratório de peixes do Departamento de Produção Animal, Faculdade de Ciências Agrícolas da Universidade de Sulaimani, Sulaimani, região do Curdistão, Iraque.

3.2 Conceção do sistema experimental

Como se vê na Fig. 3, um total de vinte e seis tanques de plástico contendo (100 L) de água foram usados nesta experiência. Cada tanque foi artificialmente arejado com uma bomba de ar e abastecido com 10 peixes. A qualidade da água (temperatura, D_o , pH) foi monitorizada semanalmente para garantir um ambiente saudável. Os tanques foram limpos diariamente pelo método do sifão para remover as fezes e os restos de comida não consumidos.

Para testar o efeito da semente preta (BS) e do alho em pó (G), foram concebidos oito tratamentos como se segue:

Dois níveis de alho (1 e 0,5 %),

Dois níveis de sementes pretas (5 e 10 %),

Quatro combinações (10% BS e 1% G, 5% BS e 0,5% G, 10% BS e 0,5% G e 5% BS e 1% G).

Figura 3: Os tanques de plástico foram divididos em T1, T2, T3, T4, T5, T6, T7, T8 e T9 no laboratório de peixes.

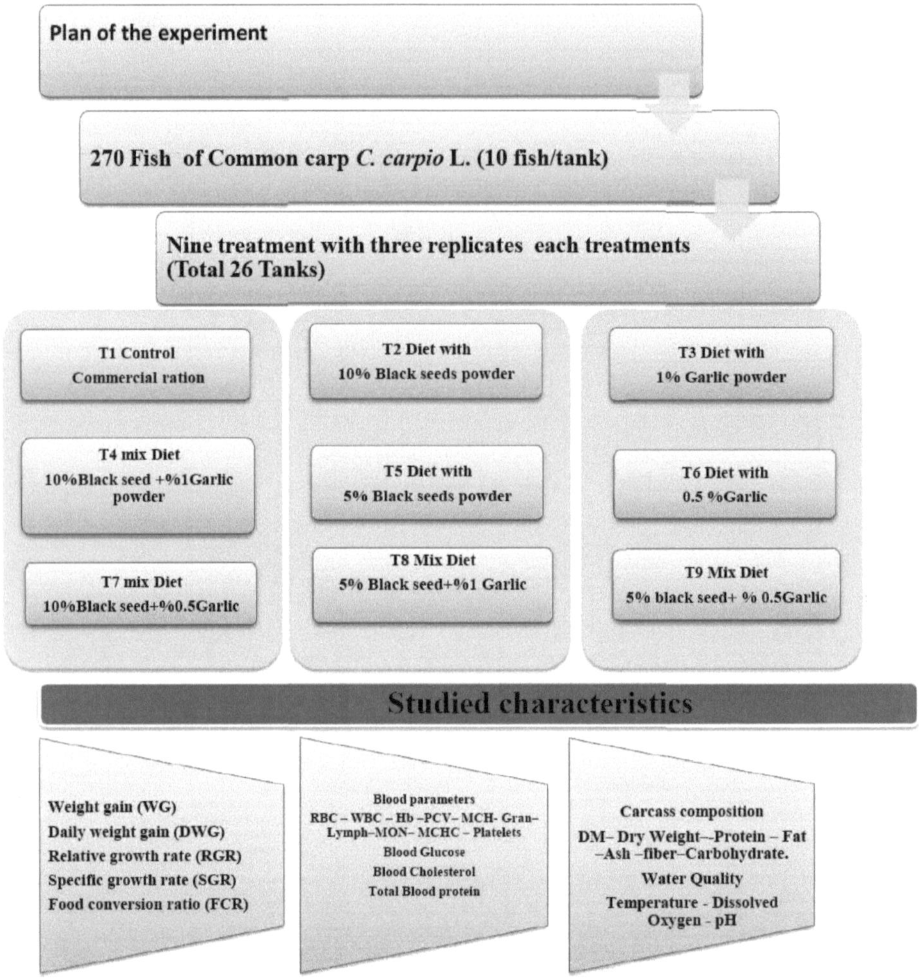

Figura 4: O desenho experimental explicativo do estudo com as caraterísticas estudadas.

3.3 Formulação e preparação das rações experimentais

As dietas experimentais de controlo e suplementares foram fabricadas pelo ministério da ciência e tecnologia /direção de investigação agrícola /centro de investigação de peixe e animais /Bagdade, Iraque, com 25% de proteína em todos os tratamentos. As dietas foram preparadas utilizando os seguintes componentes: sementes pretas em pó e alho em pó, individualmente ou em conjunto, em diferentes proporções, dependendo dos resultados de estudos anteriores (Abu-Elhini *et al.*, 2013; Al-Shawy e Al-Zaidi, 2009).

1. Concentrado de proteínas animais
2. Milho amarelo de origem local.
3. Cevada local.
4. Sêmea de trigo mole de origem local.
5. Pré-mistura de minerais e vitaminas produzida pela empresa jordana Supravit Co.
6. Pó de sementes pretas de origem local.
7. Alho em pó de origem local.

Vários componentes, incluindo os aditivos experimentais para a alimentação animal (sementes pretas e alho em pó), foram moídos, pesados e misturados de acordo com a formulação pré-determinada para a alimentação animal e, em seguida, foi adicionada água a 30% para formar uma pasta adequada. A pasta foi passada através de um picador de carne com uma malha de tamanho adequado para fazer pellets com 3 mm de tamanho. Em seguida, foram secos e cortados no tamanho desejado. As composições das diferentes rações são apresentadas no Quadro 3.

Tabela (3): Formulação das dietas experimentais mostrando a percentagem dos vários componentes da ração suplementada

Componentes da ração %	T1	T2	T3	T4	T5	T6	T7	T8	T9
Concentrado de proteínas animais	10	10	10	10	10	10	10	10	10
Bolo de soja	25	15	24	15	15	27	25	25	25
Milho	15	15	15	14	12	14.5	11.5	11	11.5
Cevada local	22	22	22	22	20	20	15	20	20
Farelo de trigo	25	25	25	25	25	25	25	25	25
Mistura de vitaminas e minerais	3	3	3	3	3	3	3	3	3
Pó de sementes pretas	-	10	-	10	5	-	10	5	5

Alho em pó	-	-	1	1	-	0.5	0.5	1	0.5
nível proteico Ração	24 o 25 %								

3.4 Procedimentos de alimentação e de inanição

Os peixes da experiência foram alimentados duas vezes por dia, às 9:00 e às 14:00 horas. Estes peixes passaram fome durante 24 horas e foram alimentados no dia seguinte (Abu-Elhini *et al.,* 2013). Os aquários de plástico foram limpos de fezes e permaneceram alimentados após a segunda alimentação por sifonagem. O nível de água nos aquários de plástico foi mantido por compensação da água perdida (cerca de ¼ - ½). A taxa de alimentação foi pré-determinada em 3% do peso total dos peixes. Os peixes foram pesados individualmente de duas em duas semanas. Depois disso, a quantidade de alimento foi reajustada de acordo com o último peso total dos peixes. A alimentação continuou durante 8 semanas. De acordo com Abu-Elhini *et al.,* (2013) o efeito da inanição no crescimento da carpa comum mostrou os melhores ganhos de peso e indicadores de crescimento registados nos diferentes tratamentos de inanição durante um dia e depois alimentados no dia seguinte.

3.5 Parâmetros de crescimento e de utilização dos alimentos

Para calcular estes parâmetros, os peixes foram pesados individualmente (g) para todos os tratamentos uma vez de duas em duas semanas. O consumo de ração de cada tratamento foi registado e reajustado de acordo com a biomassa obtida de duas em duas semanas.

Ganho de peso (g/peixe)

$= W_2 - W_1$ Onde:

W_2 : Peso dos peixes (g) no final do período experimental $(T)_2$

W_1 : Peso do peixe (g) no início do período experimental $(T)_1$

Ganho de peso diário (DWG) (g/dia)

= Ganho de peso / período experimental

$= W2 - W_1 / T_2 - T_1$

Ganho de peso relativo (RWG %)

= Ganho de peso / Peso inicial x 100

$= W2 - W_1 / W_1 \times 100$ .... (Brown, 1957)

Taxa de crescimento específico (SGR)

= [In peso corporal final-ln peso corporal inicial] x100/período experimental (dias)

$= [\text{Ln } W2 - \text{Ln } W_1] \times 100 / T2 - T_1$ (dias) .... (Lagler, 1956)

Rácio de conversão alimentar (FCR)

= Total de alimentos fornecidos (g) / ganho de peso húmido total (g) .... (Uten, 1978)

Hidratos de carbono (CHO)

=100- (Proteína + Gordura + Cinza + Fibra) (%) .... (Wee e Shy ,1989)

3.6 Exame bioquímico do sangue

3.6.1 Exame de sangue total

Após cada duas semanas (três peixes / réplica / tratamento) foram retirados aleatoriamente do grupo experimental. As amostras de sangue foram colhidas utilizando a veia caudal, na qual se inseriu uma agulha ligada a uma seringa para aspirar o sangue da veia caudal. As amostras de sangue total foram colhidas em pequenos frascos de plástico contendo heparina e armazenadas em condições de arrefecimento antes de serem analisadas com o analisador hematológico BC-2800, um analisador hematológico compacto e totalmente automático com 19 parâmetros, de origem norte-americana, para o teste de hemograma completo (CBC) para determinação de

RBC (glóbulos vermelhos; 10^9 células/l)

WBC (glóbulos brancos; 10^6 células/l)

PCV (Packed Cell Volume %)

MCH (hemoglobina corpuscular média)

MCHC (Concentração de Hemoglobina Corpuscular Média; g/l)

Hb (Hemoglobina; g/l)

GRAN (Granulócitos; %)

Linfa (Linfócito; %)

PLT (Plaquetas; 10^9 células/l)

Média (Monócitos; %)

3.6.2 Exame do plasma sanguíneo

O plasma sanguíneo foi separado do sangue total do peixe por centrifugação durante 3-5 minutos a 4500g. As amostras de plasma foram utilizadas para a realização de testes experimentais de colesterol sanguíneo (colesterol/mg/dl), glicose sanguínea (glicose/mg/dl) e proteína total do sangue (proteína total g/dL) utilizando um aparelho de análise hematológica do tipo ACCENT 200 de origem polaca.

4 Composição química

Foram colhidas amostras de peixe inteiro antes e depois da experiência de alimentação e secas para posterior análise química. Foram enviadas para o laboratório central da Faculdade de Agricultura / Universidade de Bagdade para análise de proteínas. Os métodos de análise seguiram os métodos padrão delineados pela AOAC (2000).

A humidade foi estimada através da secagem das amostras numa estufa a 105 °C durante 24 horas; após a secagem, as amostras foram colocadas em exsicadores de vidro contendo material de sílica-gel, pesadas, e depois devolvidas à estufa durante uma hora e pesadas novamente para obter um peso constante.

A análise das proteínas brutas foi efectuada num aparelho Micro Kjeldahl para estimar o azoto total. A proteína bruta foi então calculada utilizando a fórmula: 6,25* N total. A extração de gorduras foi efectuada por um dispositivo Soxhlet, utilizando hexano como solvente, com aquecimento durante 16 horas. A análise das cinzas foi feita queimando a amostra no forno de mufla (tipo MLW electro no modelo LM de origem alemã) a 550 °C durante 24 horas. Os teores de fibras foram determinados pela adição de ácido sulfúrico N1,25 para digerir a amostra por um período de meia hora após a ebulição, depois a amostra foi lavada com água destilada quente, em seguida adicionou-se uma base (NaoH N 1,25) por um período de meia hora após a ebulição e depois lavou-se a amostra da base com água destilada quente e acetona. Os espécimes foram então colocados na estufa a 60°C.

5 Qualidade da água

Alguns parâmetros essenciais da qualidade da água foram medidos durante o período experimental. Estes incluem o oxigénio dissolvido na água (mg/l) utilizando o medidor O_2 (OAKTON Singapore), a temperatura da água (°C) utilizando um termómetro que varia entre zero e 100 °C, o pH da água utilizando um medidor de pH (HANNA Romania).

6 Análise estatística

Os dados coletados para todos os parâmetros foram analisados por meio de análise bifatorial em um delineamento inteiramente casualizado (DIC). As médias com diferenças significativas foram comparadas pelos testes de intervalo múltiplo de Duncan, de acordo com a significância de $p<0,05$. Os resultados da análise estatística são apresentados como valores médios em tabelas. Os cálculos estatísticos dos resultados foram efectuados utilizando o programa XLSTAT. (Steel *et al.,* 1996). Foram atribuídas letras diferentes aos diferentes tratamentos. Foi efectuada uma análise de variância para todos os dados. A variância total foi dividida em efeitos principais e suas interações de acordo com o seguinte modelo:

$$Y_{ijk} = \mu + A_i + B_j + (AB)_{ij} + e_{ijk}$$

Onde:

Y_{ijk} = observação k no nível i do fator A e no nível j do fator B (k= 1, 2, 3)

μ = média global.

A_i = efeito do nível i do fator A (i= 1, 2, 3, 4, 5, 6, 7, 8, 9) t

B_j = efeito do nível j do fator B (j=1, ...8 semanas)

$(AB)_{ij}$ = efeito da interação entre o nível i do fator A e o nível j do fator B

e_{ijk} = erro experimental assumido como sendo (0, σ^2 e)

CAPÍTULO 4

RESULTADOS E DISCUSSÃO

4.1 Qualidade da água

As propriedades físicas e químicas da água durante a experiência, a temperatura da água variou entre (24-25°C) e o nível de concentração de oxigénio dissolvido nos tanques de plástico foi entre 7-8.5 mg / L e o valor do pH da água entre 7- 8.3 durante a duração da experiência. Os valores de todos estes parâmetros são adequados para o crescimento e alimentação dos peixes (Jauncy, 1982).

4.2 Desempenho de crescimento

O desempenho do crescimento dos peixes durante 14, 28, 42 e 56 dias de alimentação com dieta contendo alho e pó de semente preta em diferentes níveis está resumido na Tabela 4. Os resultados da análise estatística mostraram que a presença de tratamentos dentro do nível $(P \leq 0,05)$ registou uma diferença significativa $(P \leq 0,05)$ no peso médio dos peixes entre os tratamentos e o controlo após 14 dias de experiência. Observou-se que T5 e T3 registaram o valor mais elevado de 37,63g e 37,07g, respetivamente. Os tratamentos T6, T8, T7, T1, T9, T2 e T4 registaram 36,87, 36,73, 35,76, 35,30, 34,21, 33,77 e 33,57g, respetivamente.

O peso dos peixes continuou a aumentar após 28 dias em todos os trilhos. Observou-se que T5, T3 e T6 tiveram os valores mais altos de 43,71, 42,58 e 42,45, respetivamente, seguidos por T8, T7, T1, T9, e T4 e T2 com valores de 40,66, 38,75, 37,55, 37,45, 37,17, e 35,91g respetivamente. A melhoria da taxa de crescimento foi registada durante este período da experiência, devido à presença de diferentes níveis de alho e pó de sementes pretas na dieta.

Após 42 dias de experimento, as taxas de aumento de peso médio para os tratamentos experimentais foram observadas para T5, T3 e T6, registrando os maiores valores de 50,78, 49,58 e 49,26, respetivamente. Seguido por T8, T7, T9, T4, Tland T2 foram avaliados 45,58, 43,75, 40,91, 40,63, 39,70, e 39,38g, respetivamente, como mostrado na Fig (5).

Depois de 56 dias de experiência, observa-se que há um aumento óbvio nos pesos médios dos peixes, T5 teve o valor mais alto de 62,30 g em comparação com os tratamentos (T6, T3, T8, T7, T9, T1, T4 e T2) com valores de 60,69, 59,98, 52,17, 49,09, 45,93, 44,53, 44,51 e 43,91g respetivamente.

Observa-se que T5 registou o valor mais alto (32.57 g) para o ganho de peso dos peixes comparado com os tratamentos de (T6, T3, T8, T7, T9, T1, T2, e T4 com valores de 31.02, 29.18, 21.87, 19.09, 15.63, 14.98, 13.44, e 10.64g, respetivamente, como mostra a Fig (5).

Quadro 4: Efeito do suplemento de alho e sementes pretas no peso médio dos peixes (por 2 semanas)

Tratamentos	Peso médio (g) dos peixes experimentais					
	Peso inicial	Após 14 dias	Após 28 dias	Após 42 dias	Após 56 dias	Ganho de peso
T1 (controlo)	29.55	35.30 ± 1.15^{b}	37.55 ± 1.25^{c}	39.70 ± 0.25^{c}	44.53 ± 0.75^{d}	14.98 ± 0.10^{d}
T2	30.47	33.77 ± 0.35^{cd}	35.91 ± 0.93^{d}	39.38 ± 1.03^{c}	43.91 ± 0.98^{d}	13.44 ± 0.59^{de}
T3	30.80	37.07 ± 0.54^{a}	42.58 ± 0.94^{a}	49.58 ± 0.05^{a}	59.98 ± 0.06^{b}	29.18 ± 0.45^{b}
T4	29.27	33.57 ± 0.58^{c}	37.17 ± 0.54^{c}	40.63 ± 0.45^{c}	44.51 ± 0.6^{d}	15.24 ± 0.22^{e}
T5	29.73	37.63 ± 0.55^{a}	43.71 ± 0.3^{a}	50.78 ± 0.7^{a}	62.30 ± 0.81^{a}	32.57 ± 1.16^{a}
T6	29.67	36.87 ± 0.48^{ab}	42.45 ± 0.80^{a}	49.26 ± 0.72^{a}	60.69 ± 0.6^{ab}	31.02 ± 0.46^{ab}
T7	30.00	35.76 ± 0.37^{bc}	38.75 ± 0.42^{c}	43.75 ± 0.95^{b}	49.05 ± 1.19^{c}	19.05 ± 1.29^{c}
T8	30.30	36.73 ± 0.19^{ab}	40.66 ± 0.28^{b}	45.58 ± 0.4^{b}	52.17 ± 0.49^{c}	21.87 ± 0.58^{c}
T9	30.30	34.21 ± 0.42^{cd}	37.45 ± 0.46^{c}	40.91 ± 0.54^{c}	45.93 ± 0.64^{d}	15.63 ± 0.87^{d}

Os valores médios com diferentes sobrescritos dentro de uma coluna diferem significativamente entre si ($P\leq0,05$)

A análise estatística dos resultados mostrou a presença de um aumento significativo *($P\leq0,05$)* nas taxas de crescimento e um aumento nos pesos totais médios em todos os tratamentos experimentais durante o período da experiência. A utilização de aditivos naturais está a tornar-se útil na alimentação dos peixes, em vez dos aditivos químicos clássicos, devido ao efeito cumulativo dos componentes químicos que induzem efeitos dissuasores na saúde humana (El-Dakar *et al.*, 2008).

4.2.1Efeito do nível de alho em pó nas dietas sobre o crescimento dos peixes

O quadro 4 mostra que T3 e T6, que contêm 1% e 5% de alho, respetivamente, registaram as maiores diferenças significativas *($P \leq 0,05$)* durante o período da experiência. O aumento das taxas de crescimento em T3 e T6 pode ser devido à atividade do componente Allicina no alho, que promove o desempenho da flora intestinal, melhorando assim a digestão e melhor utilização da energia, levando a um melhor crescimento (Khalil *et al.,* 2001). Também a Allicina ativa as bactérias benéficas no sistema digestivo e está a trabalhar para reforçar o processo de digestão através da secreção de certas enzimas, proteínas, aminoácidos e orgânicos (Tamminga, 1990).

O alho estimulou o crescimento através do aumento do influxo de glicose nos tecidos e da atividade semelhante à da tiroide (El-Nawawy, 1991). Os compostos de enxofre no alho são considerados como agentes antimicrobianos activos e melhoram a imunidade e, por conseguinte, estimulam o crescimento (El-Afify, 1997), tendo um modo de ação semelhante ao dos antibióticos (Ibrahim *et al., 2004),* Estes resultados estão de acordo com Metwally, (2009), que mencionou que a Tilápia *(O. niloticus)* alimentada com dietas contendo alho em diferentes formas; alho natural, óleo de alho, cápsulas de óleo de alho puro e alho em pó, mostrou que o ganho de peso e desempenho de crescimento deste significativamente ($P \leq 0,05$) aumentou em todos os grupos alimentados com alho, Diab *et al, (2002)* também sugeriu a experiência em peixes tilápia que o alho em pó tem um impacto positivo na saúde geral e no peso dos peixes quando adicionado aos níveis de alimentação em pó (1,0, 1,5, 2,0, 2,5 %) também no final da experiência estes níveis de alho devido ao aumento do ganho de peso total e taxas de crescimento específicas em todos os tratamentos, exceto no grupo de controlo.

Isto é consistente com os resultados alcançados pelo Agatha, (2012) que investigou que a adição de alho em pó a 0,5%, 1,0% e 3% de proporção de alho na dieta e alimentado em *Clarias gariepinus* finger lings mostrou que os peixes alimentados com 0,5% de dieta de alho tiveram maior ganho de peso e comprimento total do que os peixes no resto dos grupos de tratamento e os controlos. Sugeriu também que a dieta de peixe com uma concentração de alho de 0,5% (0,5 g/kg) é, por conseguinte, benéfica para utilização em aquacultura para melhorar o estado de resistência a doenças do peixe-gato de dentes afiados *(Clarias gariepinus).* Metwally, (2009) referiu que o melhor desempenho em termos de crescimento foi observado quando *Oreochromis niloticus* foi alimentado com uma dieta contendo 32 g/kg de alho em pó, (2008) verificaram que a digestibilidade, a absorção e a retenção de alimentos nos grupos suplementados com alho em pó eram significativamente mais elevadas do que no grupo de controlo sem alho. Embora exista uma controvérsia constante quanto ao efeito do alho como promotor de crescimento para os peixes. Outros resultados sugerem que a dieta de alho para juvenis de *ciclídeos do ecótipo* vulgarmente designado por "wesafu" pode afetar positivamente o crescimento e a sobrevivência.

4.2.2 Efeito dos níveis de pó de semente preta nas dietas sobre o crescimento dos peixes

A Tabela 4 mostra que o T5 observado (composto por %5 de concentração de semente preta) registou a maior diferença significativa de ganho de peso *($P \leq 0,05$)* entre os pesos médios dos peixes do que o nível de %10 (T2) nas dietas da carpa comum (*C. carpio). As* diferenças significativas da dieta com outros tratamentos no peso dos peixes estavam de acordo com o resultado de Abd- Elmonem *et al,* (2002) que descobriram que a adição de semente preta *(N. sativa)* nas dietas nos níveis 0, 3, 6 e 9 % deu uma resposta positiva do desempenho do crescimento da tilápia vermelha. Também indicaram que o nível de 5% de sementes pretas melhorou o desempenho do crescimento e o SGR mais do que o nível de 10% nas dietas da tilápia do Nilo (Khalafalla e Mohsen, 2006). Estes resultados confirmaram os resultados obtidos por Abou-Zeid, (1998) que concluiu que as sementes de *Nigella sativa* promoviam o crescimento da tilápia do Nilo devido ao seu efeito estimulante digestivo através das suas substâncias aromáticas ou óleos essenciais.

4.2.3 Efeito da combinação de níveis de alho e sementes pretas na dieta sobre o crescimento dos peixes

O efeito da combinação de alho e semente preta foi ilustrado na Tabela 4, que foi dividida em quatro tratamentos, T4 foi composto por 10% de semente preta e 1% de alho, 10% de semente preta com 0,5% de alho para T7, 5% de semente preta com 1% de alho para T8 e a combinação de 5% de semente preta com 0,5% de alho foi para T9. Observa-se que, entre os tratamentos combinados, T8 teve o maior ganho de peso durante o período experimental, seguido de T7, T9 e T4, sendo que o peso dos peixes em T8 registou o valor mais elevado em comparação com os outros tratamentos.

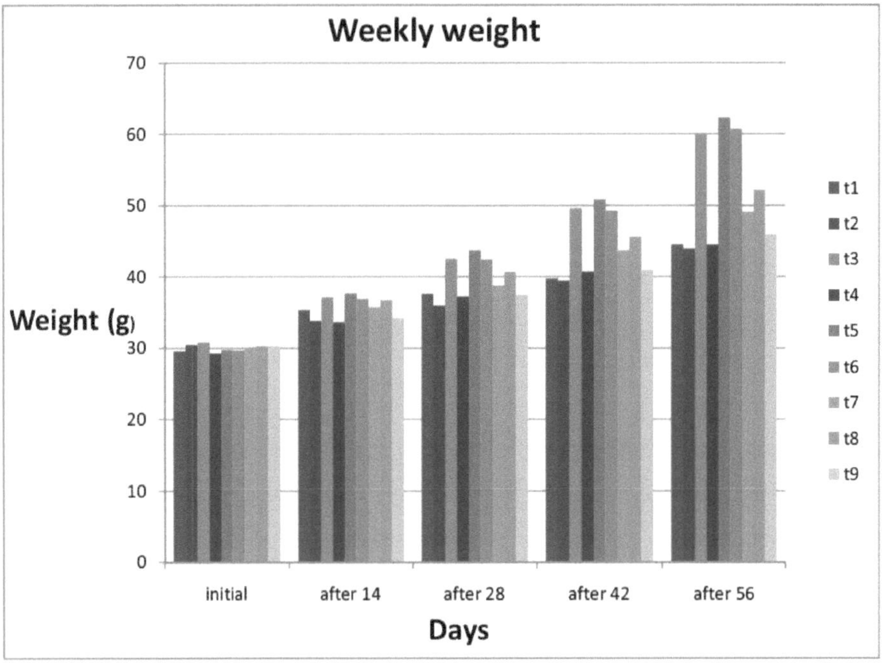

Fig. 5: Efeito da adição de alho, pó de sementes pretas e sua combinação na taxa de crescimento semanal.

4.3 Parâmetros de crescimento e de utilização dos alimentos

Como mostra a Tabela 5 para as taxas de crescimento médio diário neste período revelou que T6 e T3 registaram os valores mais elevados 0,55g/peixe e 0,52 g/peixe, respetivamente, também houve uma diferença significativa *($P \leq 0{,}05$)* com o controlo e entre os outros tratamentos.

Os dados relativos à taxa média de crescimento relativo mostraram que T6 e T5 registaram os valores mais elevados, 54,777% e 52,2275%, respetivamente. Também houve diferenças significativas ($P \leq 0{,}05$) com o controlo e os outros tratamentos.

Os dados relativos à taxa média de crescimento específico mostraram que T5, T6 e T3 registaram os valores mais elevados de 0,661, 0,639 g/dia e 0,595 g/dia, respetivamente; houve uma diferença significativa ($P \leq 0{,}05$) em relação ao controlo e aos outros tratamentos.

A taxa de conversão média dos tratamentos de T5 e T6 é de (1,583, 1,689) g/dia, respetivamente. Também tiveram uma diferença significativa *($P \leq 0,05$)* com o controlo e outros tratamentos; no entanto, T1 e T2 registaram os valores mais elevados 3,477 e 3,225, respetivamente.

Tabela 5: Efeito da dieta de adição (alho e semente preta) na produtividade dos peixes

Tratamentos	Taxa de crescimento médio diário (ADG)g/peixe	Taxa média de crescimento relativo (TGR)%	MédiaTaxa de crescimento específico (SGR)g/dia	Rácio médio de conversão alimentar (FCR)
T1 (controlo)	0.26 ±0.01 [d]	25.347±0.01[e]	0.366±0.01 [c]	3.477±0.04[a]
T2	0.24 ±0.06[e]	22.055±0.03 [f]	0.326±0.05 [d]	3.225 ±1.6 [a]
T3	0.52 ±0.01[b]	47.370±1.6[b]	0.595±2.01[a]	1.729±2.03[d]
T4	0.27 ±0.08 [d]	26.034±0.02 [e]	0.374±1.01[c]	3.022±1.01[ab]
T5	0.58 ±1.06 [a]	54.777±0.05 [a]	0.661±1.04[a]	1.583±1.01[d]
T6	0,55 ±0,07 ab	52.227±0.01 [a]	0.639±0.03 [a]	1.689 ±0.04 [d]
T7	0.34 ±0.01 [c]	31.750±0.08[d]	0.439±0.01[b]	2.547±0.07 [c]
T8	0.39 ±0.01 [c]	36.089±0.02 [c]	0.485±0.02 [b]	2.326 ±2.03 [c]
T9	0.27 ±0.04 [d]	25.792±0.44 [e]	0.372±0.01[c]	2.946 ±1.01 [b]

Os valores médios com diferentes sobrescritos dentro de uma coluna diferem significativamente ($P \leq 0,05$).

4.3.1 Efeito do nível de alho nas dietas sobre os parâmetros de crescimento e de utilização dos alimentos

Os resultados deste estudo são comparáveis com os estudos de Diab *et al.*, (2002), Farahi *et al.*, (2010), Nya e Austin, (2009) e Shalaby *et al.*, (2006) em que se observaram taxas de crescimento significativas nos peixes tratados em relação aos controlos. Ficou claro neste estudo que a utilização de alho estimulou o desejo de comer, levou a um aumento do consumo de ração, bem como da digestibilidade, pelo que o SGR e a FCR foram melhorados, o que levou a um elevado ganho de peso nos grupos tratados.

Todas as dietas suplementadas com alho resultaram num crescimento superior ao das dietas de controlo, o que sugere que a adição de alho atenuou os efeitos dos factores de stress. Isto resultou num melhor desempenho dos peixes, com melhores resultados de crescimento nas dietas suplementadas com alho, como se mostra na Tabela (5).

Estes resultados concordam parcialmente com os mencionados por Diab *et al.*, (2002) que obtiveram o melhor desempenho de crescimento em *O. niloticus* com 2,5% de alho/kg de dieta. Abou-Zeid, (2002) também demonstrou que a suplementação com *A. sativum* afectava positivamente a biomassa e o SGR de *O. niloticus*, o consumo de ração aumentava com o aumento de *A. sativum* e a taxa de conversão alimentar diminuía com o aumento dos níveis de *Allium sativum*. Isto provou que a suplementação de alho na dieta aumentou o crescimento e a sobrevivência dos peixes. Isto está de acordo com Shalaby *et al., f2006*) que relataram um aumento significativo do ganho de peso, da eficiência alimentar, do rácio de eficiência proteica (PER) e da taxa de crescimento específico (SGR) na tilápia do Nilo (*O. niloticus)* quando alimentada com uma dieta contendo alho em pó de 30g/kg de dieta.

Além disso, Diab *et al.*, (2002) relataram que a alimentação com 2,5% de alho na dieta resultou no melhor desempenho de crescimento da tilápia do Nilo (*O. niloticus*). Abou-Zeid, (2002) observou uma melhoria positiva da biomassa e da taxa de crescimento específico com a suplementação de alho.

Tang *et al.*, (1997) afirmaram que a alicina pode reagir com a vitamina B1 (VB1) para formar alitiamina, que é mais estável e digerível do que a VB1. Entretanto, a alitiamina pode inibir o efeito de decomposição da tiaminase, assegurando a supressão da VB1 e melhorando o crescimento dos peixes.

Muitos relatórios documentaram o efeito da alicina como promotor de crescimento. Fo *et al.*, (1990) misturaram 1% de pré-mistura de resíduos de alho com a alimentação da carpa herbívora *(Cteno idellus)* e da carpa comum (*C. carpio)* num sistema de policultura. Zeng *et al.*, (1996) referiram que quando se adicionou 50 mg/kg de alicina sintetizada à ração das tilápias, as taxas de ganho de peso e de sobrevivência aumentaram mais de 2-3% após 45 dias, a taxa de conversão alimentar aumentou (11%) e a avaliação biológica foi (12%) superior à do grupo de controlo.

Shalaby *et al.*, (2006) relataram que o peso final e a taxa de crescimento específico de *O. niloticus* aumentaram significativamente com o aumento dos níveis de *A. sativum*. Estes resultados estão de acordo com os obtidos por Khattab *et al.*, (2004). Além disso, Aly *et al.*, (2008), Aly e Mohamed (2010) examinaram as taxas de crescimento da tilápia do Nilo após alimentação com alho (10 e 20 g/kg de dieta). Não encontraram aumentos significativos após 1 ou 2 meses, mas um aumento significativo apenas após 8 meses, indicando que eram necessárias doses elevadas ou um longo período para aumentar a taxa de crescimento.

Do mesmo modo, Diab *et al.*, (2008) registaram um aumento significativo do ganho de peso na tilápia do Nilo após alimentação com uma dieta de 1% de alho. Shalaby *et al.*, (2006) também demonstraram que uma dieta de 3% de alho em pó melhorava o crescimento, o consumo de ração, a taxa de crescimento específica, o rácio de conversão alimentar (FCR) e o rácio de eficiência proteica (PER) na tilápia do Nilo. Também se observou um elevado crescimento e digestibilidade em tilápias alimentadas durante 60 dias com uma dieta que continha alho (Xie *et al.*, 2009). Além disso, Nya e Austin, (2009) relataram que a alimentação de trutas arco-íris *(O. mykiss)* com dietas contendo 0,5 e 1,0% de alho em pó estimulava o crescimento, a TCA e o PER.

Sasmal *et al.*, (2005) referiram que uma ração com 1% de alho em pó melhorava significativamente o ganho de peso e a taxa de conversão alimentar de *Carassius auratus.*

Muitas ervas estimulantes foram testadas quanto às suas actividades de promoção do crescimento em animais aquáticos (Citarasu *et al.*, 2002; Sivaram *et al.*, 2004). O suplemento alimentar de alho para o robalo asiático teve efeitos antimicrobianos, terapêuticos e imunoestimulantes benéficos que afectaram o agente patogénico prejudicial *V. harveyi, por sua* vez a imunidade aumentou, o que levou a um maior crescimento e sobrevivência em relação ao controlo.

4.3.2 Efeito do nível de semente preta nas dietas sobre os parâmetros de crescimento e utilização dos alimentos

A Tabela 5 mostra que T5, que contém % 5 de sementes pretas, registou o maior aumento significativo *($P \leq 0,05$)* no parâmetro de crescimento (WG, DWG, SGR, RGR, FCR) em comparação com T2 (nível de % 10) nas dietas de carpa comum *(C. carpio),* a diferença foi significativa *($P \leq 0,05$)* entre T2, T5 e controlo.

Resultados semelhantes foram relatados por Abd-Elhamid *et al.*, (2005) que estudaram o efeito de diferentes níveis de sementes pretas na dieta da tilápia do Nilo. Verificaram que o nível baixo melhorou significativamente ($P \leq 0,05$) o AWG, ADG e SGR em comparação com os outros grupos de peixes. Estes resultados confirmaram os resultados obtidos por Abou-Zeid, (1998), que descobriu que as sementes de *N. sativa* promoviam o crescimento da tilápia do Nilo devido ao seu efeito estimulante digestivo através das suas substâncias aromáticas ou óleos essenciais.

Diferenças no ganho corporal devido à alimentação de diferentes níveis de *N. Sativa* foram registadas por Guler *et al.*, (2006), mas Ziad *et al.*, (2008) descobriram que a suplementação de *N. Sativa* com uma taxa de 1-1,5% da dieta aumentou o ganho de peso, mas com o aumento da taxa de *N. Sativa* resultou numa diminuição significativa do ganho de peso.

Muitos autores também relataram que a semente preta teve um efeito significativo na taxa de conversão alimentar (Guler *et al.*, 2006; Durrani *et al.*, 2007; Abdel-Hady *et al.*, 2009; Mahmood *et al.*, 2009).

4.3.3 Efeito da combinação do nível de alho e de sementes pretas nas dietas sobre os parâmetros de crescimento e de utilização dos alimentos

Os resultados mostraram que a suplementação da carpa comum *(C. carpio)*, especialmente quando o alho é combinado com sementes pretas a 1% de alho com 5% de sementes pretas, 0,5% de alho com 10% de sementes pretas, 0,5% de alho com 5% de sementes pretas. Todos os níveis de alimentação melhoraram significativamente o crescimento, exceto o nível de alimentação de 1% de alho com 10% de semente preta, que não teve diferenças significativas em relação ao controlo e aos outros tratamentos. Estes resultados mostram que a combinação de alho com semente preta tem um efeito significativo no parâmetro de crescimento, como se mostra na Fig. 6.

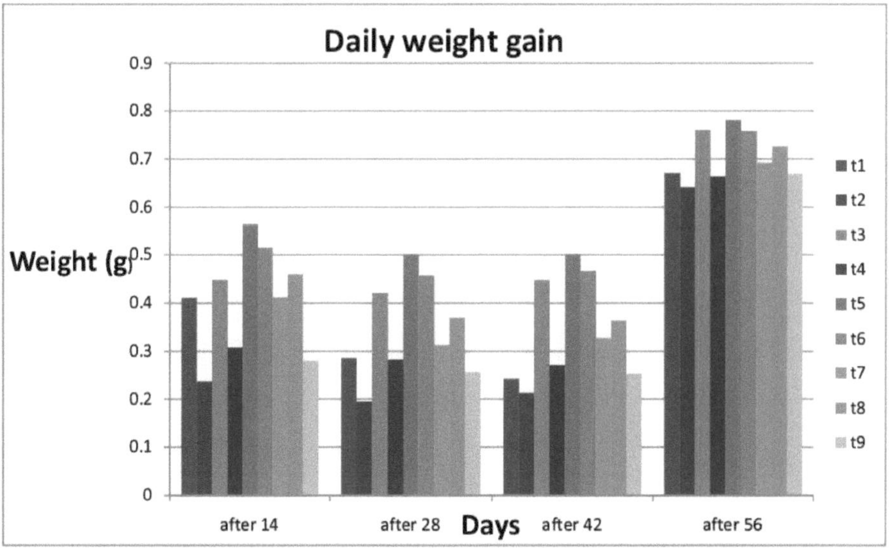

Fig. 6: Efeito da adição de alho, pó de sementes pretas e sua combinação na taxa de crescimento diário

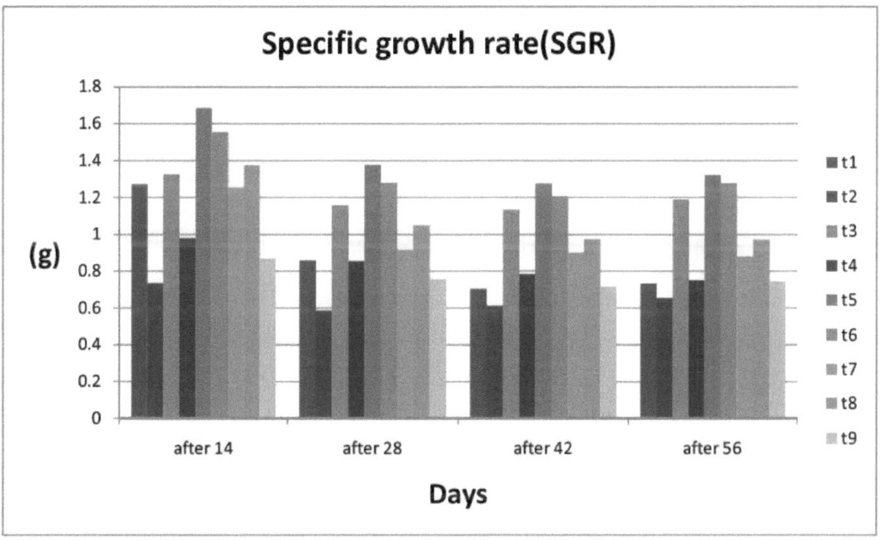

Fig. 7: Efeito da adição de alho, pó de sementes pretas e sua combinação na taxa de crescimento específico (SGR)

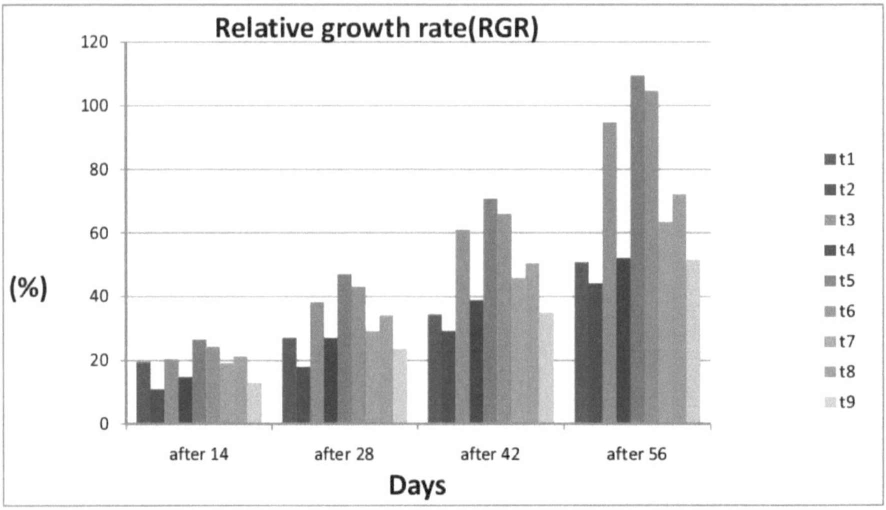

Fig 8: Efeito da adição de alho, pó de sementes pretas e sua combinação na taxa de crescimento relativo (RGR)

4.4 Taxas de sobrevivência

A Tabela 6 mostra a taxa de sobrevivência da carpa comum *(C. carpio)* alimentada com diferentes níveis de alho, sementes pretas e as suas combinações. Durante o período experimental, não foram observadas diferenças significativas (P>0,01) entre todos os tratamentos, exceto no tratamento de controlo que teve diferenças significativas (P≤0,05).

Os resultados mostraram uma melhoria na taxa de sobrevivência em todos os tratamentos alimentados com diferentes níveis de alho e pó de sementes pretas em comparação com o grupo de controlo, que diminuiu a taxa de sobrevivência em comparação com os outros tratamentos. Esta melhoria da sobrevivência refere-se ao papel das duas ervas na facilitação do processo de digestão e na aceleração do crescimento. Também aumenta a taxa de conversão de alimentos para os peixes do tratamento com promotores de crescimento que levaram a um melhor estado de saúde. Estes resultados são consistentes com o que foi obtido por Shalaby *et al.*, (2006).

A taxa de sobrevivência foi melhorada e todos os tratamentos não mostraram mortalidade durante todo o período experimental, tendo sido relatado que a semente preta *(N. sativa)* aumenta a imunidade das células T e a produção de citocinas (Haq *et al.*, 1995), células assassinas naturais e elogios (Mahdi, 1993). Também inibe alguns micróbios e tem atividade anti-helmíntica contra nemátodos e céstodos (Agarwal *et al.,* 1997). O extrato de *N. sativa* tem um efeito positivo nos leucócitos (Mona *et al.*, 2002). Diab *et al.*, (2008) argumentaram que poderia aumentar a taxa de sobrevivência e a resistência dos peixes a algumas doenças infecciosas e pode melhorar o desempenho do crescimento, especialmente após aplicação prolongada.

Quadro 6: Efeito da combinação de alho e sementes pretas nas taxas de sobrevivência durante o período experimental

Tratamentos	Réplicas	Número de peixes na semana 1	Número de peixes na semana 8	Mortalidade	Taxas de sobrevivência
T1	3	30	26	4	80 % [b]
T2	3	30	30	-	100 %[a]
T3	3	30	30	-	100 %[a]
T4	3	30	30	-	100 %[a]
T5	3	30	30	-	100 %[a]
T6	3	30	30	-	100 %[a]
T7	3	30	30	-	100 %[a]
T8	3	30	30	-	100 %[a]
T9	3	30	30	-	100 %[a]

No presente estudo, as dietas contendo 1,3 e 4% de alho em pó produziram uma menor mortalidade na garoupa após um desafio com Sinai, esta redução foi particularmente notável na dieta de 1,3% de alho ($p \leq 0{,}01$).

Vaseeharan *et al.,* (2011) demonstraram que a utilização de 1% de alho levou a um aumento da resistência contra *V. harveyi* em *Fenneropenaeus indianos.* Sahu *et al.*, (2007) observaram a eficácia de dietas com 0,5 e 1% de alho em pó para controlar a infeção por *A. hydrophila* na carpa maior indiana *(Labeo rohita).* Nya e Austin (2009) referiram que a alimentação de trutas arco-íris com dietas de 0,5 e 1% de alho em pó durante 14 dias reduziu a mortalidade após um desafio com *A. hydrophila.* Sasmal *et al.*, (2005) e Diab *et al.,* (2008) descobriram que a alimentação contendo 1% de alho em pó foi capaz de melhorar a resistência a doenças da tilápia do Nilo, particularmente contra *P. fluorescens.*

Além disso, a adição de 3% de alho em pó à dieta da tilápia do Nilo poderia reduzir a mortalidade após um desafio com *A. hydrophila* e reduzir o número total de bactérias na água.

4.5 Parâmetros sanguíneos

4.5.1 Contagem de glóbulos brancos (WBC)

A Tabela 7 mostra a contagem de glóbulos brancos (WBC) durante 14, 28, 42 e 56 dias na experiência. As diferenças de dados relativos aos glóbulos brancos (WBC) registadas após 14 dias de experiências mostraram uma diferença significativa *($P \leq 0,05$)* entre os tratamentos em comparação com o grupo de controlo. Observa-se que T2 teve o valor mais elevado, $23,550*10^6$ células/l, que não é significativamente *($P>0,05$)* diferente do valor de T6 (23,500), e dos tratamentos T5, T3, T7, T9, T4, T8 com os valores de 22,650, 21,850, 21,250, 20,250, 19,850 e $19,150*10^6$ células/l, respetivamente.

Após 28 dias verifica-se uma diferença contínua e significativa *($P<0,05$)* entre os tratamentos. Também se verificou que T2 e T6 tiveram os valores mais altos 26.350, enquanto que não tiveram diferença significativa *($P>0.05$)* com T5 (25.300), diferenças significativas *($P<0.05$)* foram observadas entre outros tratamentos dietéticos (T3, T7, T4, T9, T8 e T1) para valores de 25.300, 23.350, 22.750, 21.900 e 20.250 e $16.550*10^6$ células/l, respetivamente.

Após 42 dias, verifica-se que continuaram a existir diferenças significativas ($P \leq 0,05$) entre os tratamentos. O valor mais alto foi 28.200 para T6, que não foi ($P>0.05$) diferente significativamente com T2 e T5 valores 27.950 e 27.250, respetivamente. Enquanto as diferenças significativas ($P \leq 0,05$) foram registadas para outros tratamentos dietéticos 28,200, ad T3, T7, T9, T8, e T1 dando os valores de 25,200, 25,100, 24,150, 24,150, e $17,200*10^6$ células/l, respetivamente.

No final das experiências (56 dias), registaram-se diferenças mais significativas (*$P \leq 0,05$*) entre os tratamentos. Observa-se que T6 teve o valor mais elevado de $30,950*10^6$ células/l, que não é significativamente *($P>0,05$)* diferente dos valores de T5 e T2 30,550, 29,600, respetivamente. As diferenças significativas *($P \leq 0,05$)* entre os outros tratamentos dietéticos (T3, T7, T4, T9, T8 e T1) registam os valores de 29,600, 28,00, 26,650, 25,850, 25,650, 23,350 e $17,550*10^6$ células/l, respetivamente.

Quadro 7: Efeito da semente preta e do alho em pó nos glóbulos brancos dos peixes

Leucócitos (10^6 células/l)				
Tratamento	Após 14 dias	Após 28 dias	Após 42 dias	Após 56 dias
T1	15.950 ± 0.25 ^{e}	16.550±0.55^{d}	17.200±0.30^{e}	17.550±0.55 ^{e}
T2	23.550 ±0.95 ^{a}	26.350±0.55 ^{a}	27.950±0.22 ^{a}	29.600±0.1 ^{ab}
T3	21.850 ±0.55 ^{abc}	23.350±0.55 ^{b}	25.200±0.4 ^{bc}	28.000±0.4 ^{bc}
T4	19.850 ±0.25 ^{cd}	21.900±0.1 ^{bc}	24.250±0.55 ^{c}	25.850±0.1 ^{cd}
T5	22.650 ±0.80 ^{ab}	25.300±0.40 ^{a}	27.250±0.55 ^{a}	30.550±0.3 ^{ab}
T6	23.500 ±0.90 ^{a}	26.350±0.25 ^{a}	28.200±0.12^{a}	30.950±0.10^{a}
T7	21.250 ±0.25 ^{bc}	22.750±0.30 ^{b}	25.100±0.1 ^{bc}	26.650±0.13 ^{c}
T8	19.150 ±0.55 ^{d}	20.600±0.20 ^{c}	21.900±0.4^{d}	23.350±0.01 ^{d}
T9	20.250 ±0.02 ^{cd}	21.750±0.2 ^{bc}	24.150±0.70^{c}	25.650±0.4 ^{cd}

Os valores médios com diferentes sobrescritos dentro de uma coluna diferem significativamente ($P \leq 0{,}05$).

4.5.2 Linfócito

Os dados relativos à linfa no sangue são apresentados na Tabela 8. A primeira coluna inclui os dados relativos à linfa após 14 dias de experiência, mostrando que T6 registou o valor mais elevado de 39,850. Os valores de T6 não foram significativamente diferentes *(P>0,05)* dos valores de T5 e T7, que foram (38,350, 35,900) %, respetivamente. Enquanto que os valores de T8, T1, T4, T3, T9 e T2 apresentaram diferenças altamente significativas com os outros tratamentos.

Após 28 dias, observa-se que as diferenças significativas *(P≤0,05)* entre os tratamentos continuaram T6 registrou o valor mais alto (42.000). Este valor de tratamento não foi significativamente diferente com T5, T8, T1 e T7 para os valores (39.750, 36.700, 36.550 e 35.000) %, respetivamente, enquanto tinha altamente com outros (T4, T3, T2 e T9).

Os dados registados após 42 dias indicaram que em T6 foi registado o maior valor de linfócitos (42,900%). Foi observada uma diferença não significativa *(P>0,05)* entre o valor deste tratamento e os outros de T5, T1, T2, T7 e T8, no entanto teve uma diferença significativa com os outros tratamentos (T3, T4, e T9).

No final da experiência (56 dias) foram registadas as maiores diferenças significativas

(P≤0,05) entre os tratamentos. O maior valor 48,550 foi determinado para T5, sendo não significativo *(P>0,05)* com o valor de T6 (46,800), enquanto suas diferenças com os demais tratamentos T1, T3, T7, T2, T8, T4 e T9 foram altamente significativas.

Tabela 8: Efeito da semente preta e do alho em pó nos linfócitos dos peixes

Linfa %				
Tratamentos	Após 14 dias	Após 28 dias	Após 42 dias	Após 56 dias
T1	32.900 ± 0.01^{cd}	36.55 ± 0.2^{abc}	38.90 ± 0.4^{abc}	37.700 ± 0.40^{b}
T2	25.350 ± 1.01^{e}	30.60 ± 2.02^{c}	36.3 ± 1.01^{abc}	35.700 ± 2.00^{b}
T3	30.700 ± 0.20^{d}	32.65 ± 0.80^{bc}	34.85 ± 0.25^{bc}	36.60 ± 0.25^{b}
T4	32.50 ± 0.5^{cd}	33.30 ± 1.2^{bc}	33.50 ± 0.4^{c}	34.850 ± 0.80^{b}
T5	38.350 ± 0.55^{ab}	39.75 ± 1.6^{ab}	42.000 ± 1.0^{ab}	48.550 ± 0.55^{a}
T6	39.850 ± 0.5^{a}	42.200 ± 0.6^{a}	42.900 ± 0.4^{a}	46.800 ± 0.55^{a}
T7	35.900 ± 0.05^{ab}	35.00 ± 0.1^{abc}	35,50ab±$0,55^{c}$	36.00 ± 0.25^{b}
T8	34.250 ± 1.02^{bc}	36.7 ± 1.01^{abc}	35.30 ± 0.25^{abc}	35.500 ± 0.55^{b}
T9	29.900 ± 0.50^{de}	30.600 ± 0.1^{c}	32.950 ± 1.01^{c}	34.300 ± 0.25^{b}

Os valores médios com diferentes sobrescritos dentro de uma coluna diferem significativamente (P≤0,05).

4.5.3 Monócitos (MON)

Os dados relativos à MON no sangue são apresentados na Tabela 9. A primeira coluna inclui os dados da MON registados após 14 dias de experiência; mostra que o T2 registou o valor mais elevado (72,350). Foi observada uma diferença altamente significativa para este valor com os outros tratamentos T3, T4, T5, T1, T6, T7, T8 e T9 para o valor (67,400, 36,900, 35,750, 34,700, 33,600, 33,550, 32,550, e 31,750) %, respetivamente.

Após 28 dias a superioridade dos tratamentos valor mudou observou que significativa *(P≤0,05)* diferente entre para incluir o valor de T3 registrando o menor valor de 50,950%, mas diferente com altamente significativo *(P≤0,05)* quando comparado com outros tratamentos (T4, T1, T8, T6, T5, T2, T9, e T7).

Após 42 dias de experiência, o valor mais elevado de MON (58,900) foi registado para T4. Os resultados analíticos revelaram que as diferenças entre este valor e os outros tratamentos são altamente significativas *(P≤0,05)*.

Como na primeira duração da experiência, os dados do último período mostraram o valor mais alto de MON antes de T2, mas por um valor menor (51,750%). Foi uma diferença altamente significativa *(P≤0,05)* com os outros tratamentos (T1, T4, T3, T7, T5, T9, T6 e T8) registando o valor de (48,950, 47,550, 43,450, 35,650, 35,100, 32,750, 32,050 e 29,950) %, respetivamente.

Tabela 9: Efeito da semente preta e do alho em pó nos monócitos de peixe MON %

Tratamento	Após 14 dias	Após 28 dias	Após 42 dias	Após 56 dias
T1	34.700 ±0.1 ^{cde}	46.650 ±0.4 ^{c}	33.150 ±0.05 ^{e}	48.950 ±0.44 ^{b}
T2	72.350 ±0.05 ^{a}	43.75±0.02 ^{e}	42.600 ±0.02 ^{c}	51.750 ±0.01 ^{a}
T3	67.400 ±0.01 ^{b}	50.95 ±0.06 ^{a}	43.800 ±0.55 ^{c}	43.450 ±0.25 ^{d}
T4	36.900 ±0.044 ^{c}	48.45 ±0.01 ^{b}	58.900 ±0.1 ^{a}	47.550 ±0.25 ^{c}
T5	35.750 ±1.01 ^{cd}	43.10 ±1.02 ^{e}	39.650 ±1.02 ^{d}	35.100 ±0.55 ^{e}
T6	33.600 ±0.3 ^{de}	44.25±0.45 ^{de}	39.100 ±0.8 ^{d}	32.050 ±0.44 ^{f}
T7	33.550 ±0.45 ^{de}	32.45 ±0.35 ^{f}	54.000 ±0.7 ^{b}	35.650 ±0.55 ^{e}
T8	32.550 ±0.15 ^{de}	45.75±0.35 ^{cd}	39.650 ±0.8 ^{d}	29.95 ±0.05 ^{g}
T9	31.750 ±0.35 ^{e}	33.700 ±1.2 ^{f}	34.750 ±0.45 ^{e}	32.750 ±0.35 ^{f}

Os valores médios com diferentes sobrescritos dentro de uma coluna diferem significativamente (P≤0,05).

4.5.4 Granulócitos

A Tabela 10 representa os dados recolhidos em diferentes períodos de tempo para o Gran no sangue dos peixes. A primeira coluna atribui o valor de T3 (107,050) como o mais elevado para os granulócitos registados após 14 dias. O valor deste tratamento constituiu uma diferença altamente significativa em relação aos outros tratamentos (T7, T4, T6, T5, T8, T1, T9 e T2), que apresentaram valores de (115,850, 104,650, 87,750, 73,800, 66,850, 63,850, 57,000, e 56,300) %, respetivamente.

Depois de 28 dias, observa-se a partir dos dados que o valor mais alto (103,00) ainda é dominado por T3. Este valor foi encontrado para ser significativamente diferente com o tratamento com T7, T6 foram 100,050%, 96,200%, enquanto que foi altamente significativo deferência com T5, T2, T1, T4, T8 e T9, no entanto é diferente com T7 e T6 não foi significativo.

Após 42 dias percebe-se que T8 registou o maior valor de (104,950), que teve a diferença altamente significativa *(P≤0,05)* com os outros tratamentos (T6, T4, T3, T5, T2, T1, T9, e T7) esses valores (100,100, 100,100, 97,150, 96,200, 84,450, 82,350, 69,900, e 62,450) %, respetivamente.

Ao final do experimento (56 dias) semelhante aos dados coletados após 42 dias, a classificação mais alta e significativa para o teor de Gran também foi para o T8, sendo também aumentada de forma significativa *($P \leq 0,05$)* diferente entre os tratamentos, observou-se que o T8registrou o maior valor com diferença altamente significativa *($P \leq 0,05$)* com os demais tratamentos (T6, T5, T4, T1, T2, T3, T7 e T9).

Tabela 10: Efeito da semente preta e do alho em pó nos granulócitos dos peixes Gran %

Tratamento	Após 14 dias	Após 28 dias	Após 42 dias	Após 56 dias
T1	63.850 ± 1.65^{f}	58.2 ± 2.01^{de}	82.350 ± 0.44^{c}	85.200 ± 0.25^{d}
T2	56.300 ± 1.44^{g}	58.70 ± 1.05^{de}	84.450 ± 2.02^{c}	81.150 ± 1.01^{de}
T3	127.050 ± 0.45^{a}	103.00 ± 0.35^{a}	97.150 ± 0.55^{b}	80.900 ± 0.25^{de}
T4	104.650 ± 2.05^{c}	56.05 ± 0.25^{e}	100.10 ± 0.06^{b}	92.000 ± 1.02^{c}
T5	73.800 ± 1.2^{e}	87.85 ± 0.45^{b}	96.200 ± 1.60^{b}	103.700 ± 1.33^{b}
T6	87.750 ± 1.45^{d}	96.200 ± 0.9^{a}	100.10 ± 0.3^{ab}	103.900 ± 1.55^{b}
T7	115.850 ± 0.75^{b}	100.05 ± 1.15^{a}	62.450 ± 1.25^{e}	77.400 ± 1.55^{e}
T8	66.850 ± 1.95^{f}	68.500 ± 1.2^{c}	104.95 ± 1.65^{a}	113.950 ± 1.25^{a}
T9	57.000 ± 1.24^{g}	63.25 ± 1.95^{c}	69.900 ± 1.2^{d}	65.100 ± 1.55^{f}

Os valores médios com diferentes sobrescritos dentro de uma coluna diferem significativamente ($P \leq 0,05$).

As células WBC (leucócitos) são bem conhecidas como um dos principais factores de defesa do corpo, aumentando rapidamente quando ocorrem infecções, o aumento das contagens de WBC e de outras células sanguíneas, incluindo neutrófilos, linfócitos e monócitos, devido à alimentação com alho indica as propriedades anti-infecciosas do alho (Iranloye, 2002).

A contagem de leucócitos aumentou significativamente por semana nos peixes de todos os grupos de tratamento, exceto no controlo, que teve a mesma contagem de leucócitos. Este resultado está de acordo com os resultados de Ndong e Fall, (2007) que relataram que as contagens de leucócitos aumentaram significativamente em juvenis de tilápia híbrida alimentados com 1% e 0,5% de dieta suplementada com alho. Além disso, o aumento astronómico da contagem total de leucócitos na dieta com 0,5% de alho do que nos outros tratamentos sugere que 0,5 g/kg é a concentração que estimula e melhora as funções imunológicas do sangue. Esta concentração é adequada para o aumento global da resistência dos peixes aos factores de stress ambiental.

Observou-se um aumento acentuado na contagem total de leucócitos no grupo 2, associado a um elevado número de monócitos e linfócitos durante a primeira fase. Iranloye, (2002) também relatou aumentos na contagem total de glóbulos brancos, neutrófilos, linfócitos e monócitos após 30 dias de alimentação com alho, ilustrando as propriedades anti-infecciosas do alho.

4.5.5 Contagem de glóbulos vermelhos (RBC)

A Tabela 11 mostra a contagem de glóbulos vermelhos (RBC) durante 14, 28, 42 e 56 dias de experiência. Após 14 dias de experiência, observa-se que T8 teve o valor mais elevado (1,395), no entanto não foi significativamente *(P>0,05)* dos valores dos tratamentos, exceto com T5 e T7 para os valores de 0,960 e 0,900, respetivamente. Não foram observadas diferenças significativas para os tratamentos T3, T9, T6, T2, T4 e T1, que foram (1,330, 1,325, 1,285, 1,245, 1,230, 1,210) 10^9 cells/l, respetivamente.

Após 28 dias, observa-se que as diferenças significativas *(P≤0,05)* entre os tratamentos continuaram, T3 teve o valor mais alto (1,365), enquanto não foi significativamente *(P>0,05)* diferente deT6, T8, T1, T7 e T4 para o número de células de 1,360, 1,315, 1,300, 1,245 e 1,195, respetivamente. Enquanto o valor de T3 teve diferenças significativas *(P≤0,05)* para os valores de (1,030, 0,980 e 0,725) 10^{12} células/l, T5, T9 e T2, respetivamente.

Após 42 dias, também observou que as diferenças significativas *(P≤0,05)* entre os tratamentos continuaram, T9 teve o valor mais alto (1,720), que é significativamente diferente *(P≤0,05)* com outros tratamentos dietéticos T3, T6, T7, T1, T4, T5, T2 e T8 para os valores de (1,530, 1,395, 1,375, 1,350, 1,305, 1,070, 0,940 e 0,890) 10^9 células/l, respetivamente.

No final da experiência (56 dias) as diferenças aumentadas e significativas *(P≤0,05)* foram entre os tratamentos observados. Percebeu-se que T3 registrou o maior valor (1,730) enquanto não foi significativamente (*P>0,05*) diferente com T9, T4 e T2 foram 1,710, 1,695 e 1,590 respetivamente, depois que T7, T1, T6 e T8 foram1,570, 1,485, 1,345 e

1,300 respetivamente, que todos os tratamentos foram significativamente diferentes deT5 foi (1,050).

Quadro 11: Efeito da semente preta e do alho em pó nos glóbulos vermelhos dos peixes

Hemácias (10^9 células/l)				
Tratamento	Após 14 dias	Após 28 dias	Após 42 dias	Após 56 dias
T1	1.210 ±0.01 ^{a}	1.300 ±0.02 ^{a}	1.350 ±0.01 ^{bc}	1.485 ±0.03 ^{c}
T2	1.245 ±0.09 ^{a}	0.725 ±0.03 ^{d}	0.940 ±0.03 ^{d}	1.590 ±0.03 ^{abc}
T3	1.330 ±0.08 ^{a}	1.365 ±0.04 ^{a}	1.530 ±0.04 ^{b}	1.730 ±0.03 ^{a}
T4	1.230 ±0.03 ^{a}	1.195 ±0.09 ^{ab}	1.305 ±0.03 ^{c}	1.695 ±0.02 ^{ab}
T5	0.960 ±0.02 ^{b}	1.030 ±0.04 ^{bc}	1.070 ±0.3 ^{d}	1.050 ±0.09 ^{e}
T6	1.285 ±0.03 ^{a}	1.360 ±0.010^{a}	1.395 ±0.09 ^{bc}	1.345 ±0.01 ^{d}
T7	0.900 ±0.03 ^{b}	1.245 ±0.04 ^{a}	1.375 ±0.025 ^{bc}	1.570 ±0.04 ^{bc}
T8	1.395 ±0.14 ^{a}	1.315 ±0.06 ^{a}	0.890 ±0.12 ^{d}	1.300 ±0.03 ^{d}
T9	1.325 ±0.02 ^{a}	0.980 ±0.03 ^{c}	1.720 ±0.02 ^{a}	1.710 ±0.01 ^{ab}

Os valores médios com diferentes sobrescritos dentro de uma coluna diferem significativamente ($P \leq 0{,}05$).

4.5.6 Concentração de hemoglobina (Hb)

Os dados relativos à hemoglobina (Hb) foram apresentados na Tabela 12. A primeira coluna inclui os dados da hemoglobina após 14 dias de experiência, mostrando que T9 registou o valor mais elevado de 10,750, que não é significativamente *(P>0,05)* diferente de T5 de (10,550), no entanto ambos foram significativamente *(P≤0,05)* diferentes de T2, T8, T6, T3, T7, T4 e T1 foram (9,750, 9,700, 9,650, 9,050, 8,850, 8,700 e 8,950) g/l, respetivamente.

Após 28 dias foram encontradas diferenças significativas *(P≤0,05)* entre os tratamentos, T5 registou o valor mais alto de 11,30, que não foi significativamente *(P>0,05)* diferente de T9 e T2 (11,100 e 10,800) g/l respetivamente.

Após 42 dias, observa-se que foram encontradas diferenças significativas (*P≤0,05*) entre os tratamentos, tanto o T5 como o T9 registaram o valor mais elevado e exatamente o mesmo valor de 11,750 em comparação com os outros tratamentos.

No final da experiência (56 dias) as diferenças significativas (*P≤0,05*) entre os tratamentos foram aumentadas T9 registou o valor mais alto de 11,950 enquanto não foi diferente *(P>0,05)* significativamente com T2, T8, T5, T3 e T7 que eles (11,850, 11,750, 11,700, 11,500, e 11,050) g/l respetivamente, seguido por T4 e T6 dado o mesmo valor de 10,600. Todos estes tratamentos tiveram uma diferença significativa em relação ao T1 (controlo) 9,450.

Quadro 12: Efeito da semente preta e do alho em pó na concentração de hemoglobina (Hb) dos peixes

Hb (g/l)				
Tratamento	Após 14 dias	Após 28 dias	Após 42 dias	Após 56 dias
T1	8.950 ±0.15 ^{cd}	9.150 ±0.15 ^{e}	9.500 ±0.15 ^{d}	9.450 ±0.12 ^{c}
T2	9.750 ±0.35 ^{b}	10.800 ±0.35 ^{abc}	11.200 ±0.25 ^{ab}	11.850 ±0.35 ^{a}
T3	9.050 ±0.15 ^{bcd}	9.900 ±0.4 ^{de}	10.750 ±0.4 ^{b}	11.500 ±0.25 ^{ab}
T4	8.700 ±0.2 ^{d}	9.350 ±0.15 ^{e}	9.800 ±0.4 ^{cd}	10.600 ±0.12 ^{b}
T5	10.550 ±0.35 ^{a}	11.300 ±0.2 ^{a}	11.750 ±0.16 ^{a}	11.700 ±0.35 ^{a}
T6	9.650 ±0.25 ^{bc}	10.200 ±0.30 ^{cd}	10.800 ±0.20 ^{b}	10.600 ±0.10 ^{b}
T7	8.850 ±0.15 ^{d}	9.700 ±0.2 ^{de}	10.500 ±0.13 ^{bc}	11.050 ±0.15 ^{ab}
T8	9.700 ±0.25 ^{bc}	10.400 ±0.13 ^{bcd}	11.250 ±0.2 ^{ab}	11.750 ±0.2 ^{a}
T9	10.750 ±0.20 ^{a}	11.100 ±0.44 ^{ab}	11.750 ±0.25 ^{a}	11.950±0.44^{a}

Os valores médios com diferentes sobrescritos dentro de uma coluna diferem significativamente (P≤0,05).

4.5.7 Volume celular do pacote (PCV)

Os dados considerados do volume de células do pacote (PCV) foram mostrados na Tabela 13, a primeira coluna inclui dados de volume de células do pacote após 14 dias de experiência. Foi demonstrado que o T5 registou o valor mais elevado de 30,050, o que teve uma diferença significativa *(P≤0,05)* em relação aos outros tratamentos (T2, T8, T3, T9, T6, T1, T7 e T4), que deram os valores de (28,850, 28,050, 27,550, 26,900, 26,550, 26,450, 26,100 e 25,750 %), respetivamente.

Após 28 dias, observa-se que continuaram a existir diferenças significativas *(P≤0,05)* entre os tratamentos. É detectado que T5 foi registado o valor mais alto (32,150), enquanto que não foi significativamente *(P>0,05)* diferenças T2 foi (31,250), no entanto teve diferença significativa com T3, T9, T8, T6, T4, T1 e T7 (29,150, 28,800, 28,745, 28,450,

27,850, 27,250 e 26,550 %), respetivamente.

Após 42 dias de experiência, reconhece-se que T2 registou o valor mais elevado de PCV (34,60), que foi significativamente *($P \leq 0,05$)* diferente dos outros tratamentos, (T5, T8, T3, T9, T6, T4, T1 e T7) para os valores de (25,500, 32,100, 31,750, 31,350, 29,750, 28,700, 28,000, e 27,950 %),

respetivamente.

No último período de recolha de dados (56 dias) ainda foram asseguradas diferenças significativas ($P \leq 0,05$) entre os tratamentos. Regista-se que T2 apresenta o valor mais elevado de 38,200. Os outros tratamentos T5, T4, T7, T1 e T6 com valores de (30.050, 29.550, 29.150, 28.650 e 28.500 %), respetivamente, foram significativamente diferentes do valor de PCV de T2.

Quadro 13: Efeito da semente preta e do alho em pó no volume celular dos peixes (PCV)

PCV (%)				
Treatment	After 14 days	After 28 days	After 42days	After 56 days
T1	26.45 ± 0.8^{cd}	27.25 ± 0.65^{cd}	28.0 ± 0.6^{d}	28.650 ± 0.8^{c}
T2	28.85 ± 0.65^{ab}	31.25 ± 1.15^{ab}	34.65 ± 0.1^{a}	38.200 ± 1.01^{a}
T3	27.55 ± 0.5^{bcd}	29.15 ± 0.3^{bc}	31.75 ± 0.3^{abc}	35.850 ± 0.55^{a}
T4	25.75 ± 0.65^{d}	27.85 ± 0.12^{cd}	28.70 ± 0.2^{cd}	29.550 ± 0.5^{bc}
T5	30.05 ± 0.15^{a}	32.15 ± 0.55^{a}	32.50 ± 0.15^{ab}	30.050 ± 0.55^{bc}
T6	26.55 ± 0.45^{cd}	28.45 ± 0.04^{cd}	29.75 ± 0.01^{bcd}	28.50 ± 0.44^{c}
T7	26.10 ± 0.6^{cd}	26.55 ± 0.45^{d}	27.950 ± 0.0^{d}	29.150 ± 0.25^{bc}
T8	28.05 ± 0.5^{abc}	28.745 ± 0.3^{cd}	32.10 ± 0.25^{abc}	34.200 ± 0.4^{ab}
T9	26.9 ± 0.01^{bcd}	28.8 ± 0.02^{cd}	31.35 ± 0.1^{abcd}	33.40 ± 0.2^{abc}

Os valores médios com diferentes sobrescritos dentro de uma coluna diferem significativamente ($P \leq 0,05$)

4.5.8 Hemoglobina corpuscular média (MCH)

Os dados referentes à hemoglobina corpuscular média no sangue foram apresentados na Tabela 14, para os diferentes tempos de duração do experimento. A primeira coluna inclui os dados de MCH após 14 dias de experiência, o que mostra que T7 registou o valor mais elevado de MCH (130,550), sendo diferente dos outros tratamentos. Significativamente, (T5, T1, T2, T4, T9, T6, T8, e T3) valorizaram (107.000, 95.300, 95.150, 94.550, 93.350, 87.050, 78.250 e 78.85) p/g, respetivamente.

Após 28 dias de experiência, foi detectado que T3 registou o valor mais elevado (181,450). A diferença significativa *(P>0,05)* de valores não foi encontrada com T2, T1, T5 (179,400, 136,150 e 123,400) p/g, respetivamente. Enquanto que com os outros tratamentos (T9, T8, T4, T6, e T7) a diferença foi muito significativa, com valores de 103.700, 99.850, 98.450, 91.400, e 80.550, respetivamente.

Na duração de 42 dias da experiência, o valor mais alto (140,65) foi observado para T5. Nenhuma diferença significativa *(P>0,05)* foi determinada para o T5 MCH com os valores de T3, T8, T7 (137,650, 134,600 e 131,900, respetivamente), enquanto que teve uma diferença significativa com os outros tratamentos (T2, T4, T1, T6, e T9) que valorizaram (119,150, 110,850, 97,560, 94,950, e 78,150) p/g, respetivamente.

Os dados registados aos 56 dias de experiência aumentaram e apresentaram diferenças significativas *(P≤0,05)* entre os tratamentos. Observa-se que T8 foi registado o valor mais elevado (83,350), não foi significativamente *(P>0,05)* diferente dos outros tratamentos (T1, T5, T2, T3, T7, T4, T6, e T4).

Tabela 14: Efeito da semente preta e do alho em pó na hemoglobina corpuscular média (MCH) dos peixes

MCH (p/g)				
Tratamento	Após 14 dias	Após 28 dias	Após 42 dias	Após 56 dias
T1	95.300 ± 1.56^{c}	136.15 ± 1.2^{ab}	$97,56 \pm 2,01$ de	80.200 ± 1.2^{a}
T2	95.15 ± 0.95^{c}	179.40 ± 0.2^{a}	119.15 ± 0.55^{bc}	79.85 ± 0.55^{a}
T3	78.85 ± 1.20^{d}	181.45 ± 0.44^{a}	137.65 ± 0.55^{a}	77.800 ± 1.25^{a}

T4	94.55 ±0.45 c	98.45 ±0.35 b	110.85±0.25 cd	72.35±0.44 a
T5	107.00 ±0.25 d	123.4±0.02 ab	140.65 ±1.25 a	80.150 ±1.55a
T6	87.050 ±0.1cd	91.40 ±1.25 b	94.950 ±1.55 e	73.250 ±0.2 a
T7	130.550 ±0.55 a	80.55 ±0.35 b	131.90 ±0.4 ab	75.000 ±0.4 a
T8	78.250 ±0.8 d	99.850 ±0.4 b	134.60 ±0.35 a	83.350 ±0.55a
T9	93.350 ±1.02 c	103.7 ±1.33 b	78.150 ±1.8 f	71.100 ±1.25a

Os valores médios com diferentes sobrescritos numa coluna diferem significativamente (*P≤0*,05).

4.5.9 Concentração média de hemoglobina corpuscular (MCHC)

Os dados contados para a contagem média de hemoglobina corpuscular no sangue foram mostrados na Tabela 15 para a duração do experimento, a primeira coluna apontou T7 com o maior valor de MCHC (661.500), devido à diferença altamente significativa *(P≤0.05)* diferença com os outros tratamentos (T5, T9, T1, T2, T6, T4, T8 e T3) para valores (578.000, 471.000, 464.000, 459.000, 439.000, 438.500, 409.000 e 380.500) g/l, respetivamente.

Após 28 dias observou-se que as diferenças significativas *(P≤0,05)* entre os tratamentos continuaram, observa-se que T3 registou o valor mais alto que foi181,450. No entanto, não teve diferença significativa *(P>0,05)* com T2, T1, T5 para valores de 179,400, 136,150 e 123,400, respetivamente. Teve uma diferença altamente significativa com os outros tratamentos T9, T8, T4, T6 e T7, com valores de (103,700, 99,850, 98,450, 91,400 e 80,550) g/l, respetivamente.

Após 42 dias, observa-se que T5 registou o valor mais alto (715.000). Este valor de MCHC não foi *(P>0.05)* significativamente diferente de T8, T7, T2, T3, T4, no entanto teve uma diferença significativa com os outros tratamentos (T1, T9, e T6).

No final da experiência (56 dias), o T8 registou o valor mais elevado de MCHC (471,500 g/l), que não foi significativamente *(P>0,05)* diferente dos outros tratamentos.

Tabela 15: Efeito da semente preta e do alho em pó na contagem média de hemoglobina corpuscular (MCHC) dos peixes.

MCHC (g/l)				
Tratamento	Após 14 dias	Após 28 dias	Após 42 dias	Após 56 dias
T1	464.00 ± 1.02^{cd}	634.50 ± 2.8^{ab}	517.00 ± 0.2^{bcd}	452.00 ± 0.44^{ab}
T2	459.00 ± 0.01^{cd}	515.50 ± 0.02^{c}	630.00 ± 0.1^{abc}	444.000 ± 1.4^{ab}
T3	380.50 ± 0.03^{f}	546.00 ± 0.01^{bc}	623.00 ± 0.06^{abc}	437.500 ± 1.4^{b}
T4	438.50 ± 0.04^{d}	498.00 ± 0.03^{c}	623.00 ± 0.04^{abc}	447.00 ± 1.5^{ab}
T5	578.00 ± 0.04^{b}	629.00 ± 0.06^{ab}	715.00 ± 0.04^{a}	452.00 ± 1.25^{ab}
T6	439.00 ± 0.08^{d}	593.00 ± 0.01^{ab}	439.00 ± 0.03^{d}	424.500 ± 0.04^{b}
T7	661.50 ± 0.02^{a}	523.00 ± 0.02^{c}	643.50 ± 0.3^{ab}	444.500 ± 0.3^{ab}
T8	409.00 ± 0.05^{e}	557.50 ± 0.25^{bc}	696.000 ± 0.1^{a}	471.500 ± 2.3^{a}
T9	471.00 ± 0.04^{c}	669.000 ± 0.1^{a}	465.00 ± 0.1^{cd}	432.00 ± 0.2^{b}

Os valores médios com diferentes sobrescritos dentro de uma coluna diferem significativamente ($P \leq 0,05$).

4.5.10 Contagem de plaquetas

Os dados recebidos para PLT no sangue foram apresentados na Tabela 16 durante os períodos da experiência. A primeira coluna inclui os dados de PLT após 14 dias de experiência, mostrando que T3, T6 registaram o valor mais elevado (30,650 , 30,200)*10^9 /l. Estes valores foram diferentes e altamente significativos *($P \leq 0,05$)* dos outros tratamentos.

Após 28 dias, observa-se que o T6 teve o valor mais elevado de contagem de plaquetas (26,900*10^9 /l), que se verificou ser altamente significativo *($P \leq 0,05$)* em relação aos outros tratamentos.

Aos 42 dias, os dados do T8 revelaram o valor mais elevado (31,500*10^9 /l), sendo altamente significativo e diferente dos outros tratamentos.

Cinquenta e seis dias de dados registados indicaram o aumento. Observa-se que o T6 registou o valor mais elevado, 24,850*10^9 /l, o que é altamente significativo *($P \leq 0,05$)* quando comparado com os outros tratamentos.

Quadro 16: Efeito da semente preta e do alho em pó na contagem de plaquetas dos peixes (PLT)

PLT (10^9 /l)				
Tratamento	Após 14 dias	Após 28 dias	Após 42 dias	Após 56 dias
T1	27.800 ±0.6 ^{b}	11.300 ±0.4^{d}	26.250 ±0.7 ^{ab}	22.150 ±0.4 ^{b}
T2	15.300 ±0.4 ^{f}	15.050 ±0.8 ^{c}	16.100 ±0.5 ^{d}	17.550 ±1.8 ^{c}
T3	30.650 ±0.5 ^{a}	19.350 ±0.3 ^{b}	18.150 ±2.1 ^{cd}	21.600 ±1.4 ^{b}
T4	14.200 ±0.1^{f}	18.900 ±0.7 ^{b}	22.750 ±1.2 ^{bc}	21.050 ±0.8 ^{b}
T5	15.400 ±0.7 ^{f}	18.600 ±0.3 ^{b}	23.100 ±0.6 ^{bc}	17.050 ±1.2^{c}
T6	30.200 ±0.5 ^{a}	26.900 ±1.7 ^{a}	26.800 ±1.2 ^{ab}	24.850 ±0.2 ^{a}
T7	25.550 ±0.9 ^{c}	12.900 ±0.7 ^{cd}	8.250 ±0.9 ^{e}	8.150 ±0.9 ^{e}
T8	18.050 ±0.9 ^{e}	18.300 ±0.2 ^{b}	31.500 ±0.7 ^{a}	12.350 ±1.3 ^{d}
T9	21.200 ±0.9 ^{d}	10.650 ±0.7 ^{d}	17.45 ±0.3 ^{cd}	11.400 ±2.1^{d}

Os valores médios com diferentes sobrescritos dentro de uma coluna diferem significativamente ($P \leq 0,05$).

Como resultado da aplicação de ração com alho, a contagem de hemácias aumentou, o que pode indicar um efeito imunoestimulante (Sahu, 2004). Os resultados deste estudo apoiam o relatório de Sahu *et al.,* (2007) e Nya e Austin, (2009) que referiram que os eritrócitos eram significativamente (pb0,05) mais elevados em *L. rohita* e truta arco-íris *(O. mykiss)* quando alimentadas com uma dieta com alho. A possível explicação para a variação das células sanguíneas pode ser atribuída à letalidade tóxica do agente patogénico induzido. Por conseguinte, poderia ser necessária uma análise bioquímica clínica para detetar as doenças letais causadas por micróbios que afectam a produção (Shalaby *et al.,* 2006). Sahu, (2004) também observou um aumento da contagem eritrocítica após a administração de alho.

O aumento de hemácias deve-se ao teor de vitaminas do alho que auxiliam na absorção do ferro pelos intestinos e mantêm a sua forma dissolvida nos intestinos, que o organismo necessita no fabrico de glóbulos vermelhos, o elevado número de células de hemoglobina amarga os agregados referidos pode dever-se ao aumento da eficiência da hormona tiroxina, considerada como uma das mais importantes hormonas reguladoras do metabolismo, pois conduz ao aumento da hemoglobina sanguínea, uma vez que a hormona tiroxina provoca um aumento das reacções metabólicas nos tecidos, O que faz com que aumente a necessidade de estimular o processo de fabrico de glóbulos vermelhos para transportar o oxigénio necessário para a realização das reacções metabólicas (Thanikachalam, 2010), este estudo está de acordo com Nya e Austin, (2009) quando verificou que há um aumento nos peixes alimentados com dieta suplementada. Este facto é consistente com as conclusões de (Shalaby *et al*, 2006) quando os peixes (truta arco-íris) foram alimentados com diferentes concentrações de alho em pó.

A contagem de glóbulos vermelhos nos peixes aumentou significativamente nos grupos tratados em comparação com os controlos. Esta constatação está de acordo com o trabalho de Lee *et al.* (1999), que relataram que o alho aumentou os níveis de glutatião nos glóbulos vermelhos. Um aumento na contagem de hemácias indica um aumento nos níveis de hemoglobina.

Os níveis de hemoglobina aumentaram significativamente nos grupos tratados, enquanto os níveis de Hb permaneceram quase iguais nos controlos. Seeley *et al.*, (1992) referiram que a função primária das hemácias nos peixes é transportar oxigénio das guelras para os vários tecidos do corpo, uma ação levada a cabo pela hemoglobina presente nas hemácias.

Como resultado da aplicação de ração com alho, a contagem de hemácias aumentou, o que pode indicar um efeito imunoestimulante (Sahu, 2004). Aly e Mohamed (2010) concluíram que as dietas suplementadas com alho têm um efeito imunoestimulante para a tilápia *(O. niloticus)* e melhoraram as hemácias, os leucócitos, os triglicéridos, a Hb e o PCV.

4.5.11 Efeito do nível de alho nos parâmetros sanguíneos

Os parâmetros hematológicos examinados incluem (WBC, Lymph, MON, GRAN, RBC, Hb, PCV, MCH , MCHC, PLT e são apresentados nas Tabelas 7, 8, 9, 10, 11, 12, 13, 14, 15 e 16, respetivamente. Observa-se que o alho, o negro e a sua combinação tiveram um efeito significativo em todos os parâmetros sanguíneos, o que está de acordo com os resultados de Martins *et al.*, (2002) que verificaram que a adição de *A. sativum* a dietas para peixes aumentou o número de eritrócitos, o teor de hemoglobina, o valor do hematócrito, os leucócitos e os trombócitos. *A A. sativum* possui alguns constituintes que podem desempenhar um papel na estimulação do sistema imunitário e na função de órgãos relacionados com a formação de células sanguíneas, como o timo, o baço e a medula óssea (Jeorg e Lee, 1998).

Faisal, (2003) registou um aumento significativo dos valores da contagem de eritrócitos, do teor de hemoglobina e do hematócrito no peixe-gato *Clarias garepinus* nos 1st e 3rd dias após a administração de ciprofloxacina, amoxicilina e ampicilina. A utilização de alho conduz a actividades imunológicas melhoradas e exerce efeito sobre os parâmetros hematológicos em espécies de peixes (Fazlolahzadeh *et al.,* 2011; Nya e Austin, 2009; Sahu *et al,* 2007).

Os resultados deste estudo apoiam o relatório de Sahu *et al,* (2007) e Nya e Austin, (2009) que relataram que os eritrócitos foram significativamente *(P≤0,05)* mais elevados em *L. rohita* e truta arco-íris *(O. mykiss)* que quando alimentados com dieta adicionada de alho, relataram que quando os peixes alimentados com alho em diferentes proporções mostraram reacções diferentes e 0,1 g de alho por 100 g de ração produziu maior taxa de atividade anti-protease, Portanto, a alimentação de peixes com alho adicionado mostrou que uma concentração mais elevada pode influenciar a atividade anti-protease como observado no presente estudo.

4.5.12 Efeito da concentração de sementes pretas nos parâmetros sanguíneos

O extrato de sementes pretas tem um efeito positivo nos leucócitos (Mona *et al.,* 2002). O aumento dos níveis de hemoglobina e hematócrito foi registado em ratos alimentados com sementes de cominho preto (Nair *et al.,* 1991 e Zaoui, *et al.,* 2002). Neste estudo, não houve diferenças nos níveis de hematócrito entre os grupos de 1% e 2,5% de sementes de cominho preto *(P >0,05),* no entanto, houve um aumento estatisticamente significativo (P ≤ 0,05) no nível de hematócrito no grupo de 5% de sementes de cominho preto em comparação com o controlo e os outros grupos experimentais.

4.5.13 Efeito da combinação de alho e semente preta no sangue Parâmetros

Saad *et al.,* (2013) indicaram que o nível de linfócitos, monócitos e heterófilos aumentou nos grupos tratados com semente preta e alho, os nossos resultados revelaram que os grupos tratados com semente preta, alho e cebola tinham um nível mais elevado de leucócitos T. e de hemácias T. do que os outros grupos. E os grupos tratados com semente preta e aflatoxinas apresentam níveis mais elevados de leucócitos T. e de hemácias T. do que os grupos infectados com aflatoxina com alho e aflatoxina com cebola durante todo o período da experiência.

Os nossos resultados indicaram que a semente preta, o alho e a cebola melhoram a imunidade dos peixes contra as aflatoxinas através da melhoria dos níveis de T. WBCs e T. RBCs do que os outros grupos tratados e que a adição de semente preta à dieta dos peixes melhora a imunidade dos peixes contra a aflatoxicose, seguida do alho e da cebola. A melhoria do hemaograma pode dever-se aos efeitos da semente preta, do alho e da cebola para ultrapassar a necrose e os basófilos dos hepatócitos, a acumulação de pigmentos de ferro no epitélio da mucosa intestinal e a necrose das glândulas gástricas provocada pelo AFB1 (Marzouk *et al.,* 1994). Os resultados mostraram que os grupos tratados com alho e sementes pretas tinham uma atividade fagocítica e um índice fagocítico mais elevados do que os outros grupos tratados. A adição de sementes pretas, alho e cebola à dieta dos peixes melhora a atividade fagocítica e o índice contra a aflatoxicose. Os nossos resultados também concordam com os de Salem e Mohamed, (2010).

4.6 Parâmetro bioquímico

4.6.1Glicose no sangue

Os dados relativos à glucose no sangue foram apresentados na Tabela 17 durante a experiência. A primeira coluna inclui os dados relativos à glucose no sangue após 14 dias de experiência; mostra que T2 registou o valor mais elevado de 105,000. Este rácio de glucose não teve diferença significativa *(P>0,05)* com T3, T5 e T7 para valores de 104,5, 97,000 e 96,150, respetivamente, no entanto, foi detectada uma diferença significativa *(P<0,05)* entre o valor e T4, T1, T8, T6 e T9.

Após 28 dias, observa-se que T2 continuou a expressar o valor mais alto de (110. 650), valor que não teve diferença significativa *(P>0,05)* com T3 (108,050), enquanto que com os outros tratamentos (T7, T5, T1, T9, T4, T8 e T6) foi altamente significativo *(P≤0,05)*.

Não houve diferença significativa *(P>0,05)* do valor de T2 com T3, T7 e T9 dando valores de 114,000, 113,750 e 108,250, respetivamente, enquanto que a diferença foi altamente significativa com os outros tratamentos (T5, T1, T8, T6 e T4).

No final da experiência (56 dias), observa-se que T2 registou o valor mais elevado, 118,450. Não houve diferença significativa *(P>0,05)* para este valor com T3, T7 e T9 (117,50, 116,600 e 115,50 respetivamente), porém houve diferença significativa *(P≤0,05)* com T1,T8, T5, T4 e T6.

Quadro 17: Efeito da semente preta e do alho em pó na glucose sanguínea dos peixes

Glicose no sangue (mmol/L)				
Tratamento	Após 14 dias	Após 28 dias	Após 42 dias	Após 56 dias
T1	87.85 ±2.03 bcd	97.55 ±2.1cde	98.800±2.01c	108.350±1.3 b
T2	105.00 ±2.7 a	110.65 ±1.5 a	114.850±2.3a	118.450±2.5a
T3	104.05 ±1.02 a	108.05±1.5 ab	114.00 ±2.03 a	117.05±1.3 a
T4	87.850 ±1.02 cd	91.10±2.03 de	93.50±1.02c	96.15±1.02c
T5	97.00 ±2.5 ab	100.4±0.44 bc	101.15±0.55 bc	99.30 ±0.25 c
T6	84.05 ±1.22 d	86.25±0.01 e	93.950 c±2.3	89.65 ±1.06 d
T7	96.15 ±2.00 abc	100.8 ±1.6 bc	113.75±1.66a	116.60±1.08a
T8	86.15 ±.044 d	87.750±1.02e	94.50±1.8c	105.70 ±2.00 b
T9	85.600 ±0.23 d	97.55±2.01 cd	108.25±2.0ab	115.05 ±1.55 a

Os valores médios com letras de menção diferentes numa coluna diferem significativamente (P≤0,05).

4.6.2 Colesterol no sangue

Os dados estatísticos relativos ao colesterol no sangue foram apresentados na Tabela 18 durante a experiência. A primeira coluna mostra que o valor do colesterol diminuiu em T7 (83,430 mmol/L) quando medido após 14 dias de experiência, o que teve uma diferença significativa *(P≤0,05)* com o controlo e alguns tratamentos.

Após 28 dias, observa-se que existem diferenças significativas *(P≤0,05)* entre os tratamentos. Parece que o valor do colesterol de dados de 14 dias também diminuiu em T7 (83,750 mmol / L). Houve uma diferença significativa *(P≤0,05)* em relação ao controlo e a alguns dos tratamentos.

Após 42 dias também se observou que o valor do colesterol diminuiu em T7 foi de 84,750, teve uma diferença significativa *(P≤0,05)* com o controlo e entre os tratamentos, depois disso T4, T9, T2, T3, T8, T5, T6 e T1 foram (87,250, 90,900, 92,000, 94,050, 96,250, 100,400, 103,100 e 106,600) mmol/L, respetivamente.

O teor de colesterol foi persistente para T7 para os dados registados no final da experiência (56 dias). Este valor sendo analisado para ter diferenças significativas *(P≤0,05)* com o controle de alguns outros tratamentos.

Quadro 18: Efeito da semente preta e do alho em pó no colesterol sanguíneo dos peixes

Colesterol no sangue (mmol/L)				
Tratamentos	Após 14 dias	Após 28 dias	Após 42 dias	Após 56 dias
T1	97.00 ±1.4 ^{ab}	100.00±1.3 ^{ab}	106.60±1.4^{a}	111.00 ±1.4 ^{a}
T2	90.55 ±1.33 ^{abc}	91.30±1.25^{bcd}	92.00±0.44 ^{cde}	93.45±0.55^{bc}
T3	90.30 ±0.02 ^{abc}	91.55±0.01^{bcd}	94.05±0.1 ^{bcde}	97.65±1.56^{b}
T4	85.70 ±1.20 ^{c}	85.75±2.00 ^{cd}	87.25±0.44 ^{de}	90.65±0.55 ^{bc}
T5	99.75 ±1.6 ^{a}	101.85 ±1.4 ^{a}	100.4±1.01^{abc}	98.35 b±1.00
T6	97.50 ±0.55 ^{ab}	103.10±0.22^{a}	103.10 ±0.55^{ab}	99.50±0.36 ^{b}
T7	83.45 ±1.02 ^{c}	83.75 ±2.6 ^{d}	84.75 ±1.0 ^{e}	86.150±0.55^{c}
T8	95.35 ±1.0 ^{ab}	95.15 ±1.3 ^{abc}	96.25±1.8^{abcd}	97.90 ±0.44 ^{b}
T9	88.250 ±1.02 ^{bc}	90.10 ±1.03 ^{cd}	90.90 ±0.01 ^{cde}	94.00 ±0.25 ^{bc}

Os valores médios com letras de menção diferentes numa coluna diferem significativamente (P≤0,05).

4.6.3 Proteína total do sangue (TP)

Os dados apresentados na Tabela 19 teor de proteína total (TP) no sangue para diferentes tempos de duração do experimento em execução. A primeira coluna inclui dados de proteína no sangue após 14 dias de experiência, mostrando que T9 foi registrado o valor mais alto de 37.500, que teve uma diferença altamente significativa *(P≤0.05)* com os outros tratamentos T6, T5, T8, T1, T7, T2, T4 e T3 dando valores de 35.100, 34.950,

33.250, 32.100, 32.100, 32.700, 31.850 e 30.250 g / dL, respetivamente.

Após 28 dias, observa-se que o valor mais alto de TP foi deslocado para T5, registando o valor de 37,065. O valor do tratamento mostrou uma diferença altamente significativa *($P \leq 0,05$)* com os outros tratamentos (T4, T9, T8, T7, T1, T3, T6 e T2) com valores de 26,950, 26,840, 25,970, 25,670, 25,555, 25,270, 24,375 e 24,050 g/dL, respetivamente.

Após 42 dias, observou-se a partir de dados registrados T9 registrou o maior valor de TP (44,150), este valor não foi diferente significativamente T6, T5 e T7 para valor de 40,200, 39,340 e 39,000 g / dL, respetivamente, enquanto tinha altamente significativo *($P \leq 0,05$)* diferença com os outros tratamentos (T2, T1, T4, T3 e T8) registrando 37,400, 34,600, 33,150, 33,100 e 29,200 g / dL, respetivamente.

No final da experiência (56 dias), o T3 registou o valor mais elevado (47,850 g/dL), enquanto que se verificou uma diferença altamente significativa *($P \leq 0,05$)* com os outros tratamentos (T6, T5, T9, T2, T4, T1, T7 e T8), que avaliaram 43,050, 42,600, 42,250, 41,700, 40,600, 37,950, 33,750 e 32,250 g/dL, respetivamente.

Tabela19: Efeito da semente preta e do alho em pó na proteína total do sangue dos peixes (TP)

Proteína total (TP) (g/dL)				
Tratamentos	Após 14 dias	Após 28 dias	Após 42 dias	Após 56 dias
T1	32.100 ± 0.6^{de}	25.55 ± 0.6^{bcd}	34.60 ± 0.4^{bcd}	37.950 ± 0.7^{cd}
T2	32.70 ± 0.4^{cd}	24.050 ± 0.6^{d}	37.400 ± 0.5^{bc}	41.700 ± 1.7^{bc}
T3	30.250 ± 0.55^{e}	25.27 ± 0.3^{bcd}	33.100 ± 0.1^{cd}	47.850 ± 0.7^{a}
T4	31.850 ± 0.7^{de}	26.925 ± 0.3^{b}	33.150 ± 0.6^{cd}	40.600 ± 0.4^{bc}
T5	34.950 ± 0.5^{bc}	37.065 ± 1.7^{a}	39.340 ± 2.1^{ab}	42.600 ± 1.6^{bc}
T6	35.100 ± 0.9^{b}	24.375 ± 0.7^{cd}	40.200 ± 0.7^{ab}	43.050 ± 0.1^{b}
T7	32.100 ± 0.1^{de}	25.67 ± 0.7^{bcd}	39.00 ± 0.8^{ab}	33.750 ± 0.9^{de}
T8	33.25 ± 0.25^{bcd}	25.97 ± 0.44^{bcd}	29.20 ± 0.25^{d}	32.250 ± 0.25^{e}
T9	37.500 ± 0.01^{a}	26.84 ± 0.35^{bc}	44.150 ± 0.55^{a}	42.250 ± 0.44^{bc}

Os valores médios com letras de menção diferentes numa coluna diferem significativamente ($P \leq 0,05$).

4.6.4 Efeito da combinação de alho e sementes pretas nos parâmetros bioquímicos da carpa comum

O soro sanguíneo examinado inclui glucose sanguínea, colesterol sanguíneo, proteínas sanguíneas totais e é apresentado nos Quadros 17, 18 e 19, respetivamente. Observa-se que o alho, a semente preta e a sua combinação aumentaram significativamente as caraterísticas estudadas em comparação com o grupo de controlo.

Observou-se que as proteínas plasmáticas aumentaram significativamente nos peixes alimentados com 0,5% e 1,0% de alho e diminuíram ligeiramente, sendo que o nível de proteínas plasmáticas nos peixes de controlo foi mínimo. Isto indica uma queda no nível de proteína plasmática com o aumento da concentração de alho na dieta dos peixes. Esta descoberta é semelhante a relatórios anteriores que indicam que a proteína plasmática total em peixes pode variar de 2-8gd^{-1} (Ravi e Jitender, 2005).

Shalaby *et al.* (2006) também registaram um aumento dos níveis de proteínas plasmáticas em *Oreochromis niloticus* alimentados com diferentes concentrações de alho na dieta.

A proteína do soro sanguíneo é um sistema bioquímico bastante lábil, que reflecte precisamente a condição do organismo e as alterações que lhe ocorrem sob a influência de factores internos e externos. Observou-se uma hiperproteinemia significativa em todos os grupos de peixes administrados com alho, exceto nos que receberam 40g de alho / kg de dieta e os dois níveis mais elevados de cloranfenicol, a proteína total do plasma não foi significativamente elevada, o que está de acordo com os resultados de Hussein *et al.*, (2001) que mostraram que o conteúdo de proteína total do soro foi elevado em ratos albinos machos após a administração de óleo de alho. O aumento do nível de proteínas totais no soro de ratos hiperlipidémicos tratados com óleo *de Allium sativum* pode ser atribuído ao aumento do nível de imunoglobulina e da concentração total de globulina. Hussein (1996) e Faisal, (2003) descobriram que as proteínas totais no soro aumentavam significativamente em *Clarias garepinus* após a administração dos antibióticos ciprofloxacina e amoxicilina. Foi referido que níveis elevados de proteínas séricas são indicativos de disfunção osmorreguladora, hemodiluição ou danos nos tecidos que rodeiam os vasos sanguíneos Hille, (1986).

Os nossos resultados concordam com os de Aly e Mohamed, (2010), que concluíram que as dietas suplementadas com alho são imunoestimulantes para a tilápia *(Oreochromis niloticus)* e melhoraram as proteínas séricas, a glucose e os triglicéridos. O presente estudo indicou uma relação positiva entre a glucose sanguínea da carpa comum e a proporção de sementes pretas, tendo a mesma conclusão sido registada no estudo de Sebeae, (2006). Hassanin e Hassan, (1996) mostraram que, quando ratos machos adultos foram tratados com 1%, 2% e 10% de *Nigella Sativa* na dieta basal, ocorreu um aumento acentuado dos níveis de glicose no sangue; afirmaram que estas sementes não tinham efeito hipoglicémico.

A maioria dos investigadores concluiu que os peixes se comportam como os mamíferos diabéticos no que diz respeito à glucose no sangue, como os resultados de Hepher (1988), que mencionou que a glucose no sangue da carpa comum aumentou 450 vezes numa hora após a alimentação e não voltou aos seus valores normais mesmo após cinco horas. Conclui-se que o tratamento alimentar com *N. sativa* L. melhora o crescimento da carpa comum em doses baixas, mas aumenta a glucose no sangue.

4.7 Composições químicas do corpo

Os dados do quadro 20 mostram a composição proteica da carcaça dos peixes no final da experiência. Observa-se que T5, T6 e T3 registaram os valores mais elevados de 61,77, 61,70, 59,64 respetivamente. Estes tratamentos registaram diferenças significativas *($P \leq 0,05$)*, seguidos por T4, T7, T2, T8 e T9. Todos estes tratamentos apresentaram diferenças significativas *($P \leq 0,05$)* em comparação com o controlo. Os dados relativos aos lípidos mostraram a sua diminuição em T5, T6, T3 com diferenças significativas *($P \leq 0,05$)* em relação ao controlo e aos outros tratamentos.

A Tabela 20 mostra que o teor de cinzas de T5, T6 e T7 teve diferenças significativas *($P \leq 0,05$)* em comparação com o controlo e entre os tratamentos.

A percentagem de fibra na Tabela 20 revelou que T5, T6 e T3 tiveram diferenças significativas *($P \leq 0,05$)* quando comparados com o controlo e outros tratamentos. Os dados de carboidratos mostraram que T3 teve diferenças significativas *($P \leq 0,05$)* foi de (0,81) % quando comparado com o controle e os outros tratamentos.

Tabela 20: Composição química corporal dos peixes experimentais

Os valores médios com subscritos diferentes numa coluna diferem significativamente (*P≤0*,05)

Tratamentos	(%)						
	Humidade	Peso seco	Proteína	Gordura	Cinzas	Fibra	Hidratos de carbono
T1 (controlo)	72.12	27.88	47.20 c	24.13 a	18.00 a	8.68 cd	1.99 b
T2	73.54	26.46	54.11b	16.74b	17.38a	9.93bc	1.84b
T3	73.56	26.44	59.64a	14.71c	17.43ab	7.41d	0.81c
T4	73.80	26.20	55.19b	15.49bc	18.16a	9.77bc	1.39b
T5	74.13	25.87	61.77a	12.87d	15.96c	7.22d	2.18a
T6	73.86	26.14	61.70a	12.35d	16.10bc	7.38d	2.47a
T7	74.10	25.90	55.09b	15.44bc	16.91b	10.54ab	2.02a
T8	74.08	25.92	53.74b	15.35bc	17.93a	10.36ab	2.62a
T9	73.86	26.14	53.02b	15.91bc	17.36a	11.2a	2.51a

Xiang e Liu, (2002) relataram que a adição de 25-100 mg/kg de alho à dieta tinha aumentado o teor de proteínas brutas e reduzido o teor de lípidos brutos de *C. barchypomum*.

Luo *et al.*, (2008) descobriram que um composto de *Eucommia ulmoides* e alho podia melhorar a qualidade da carne da carpa herbívora, *C. idellus*. Aly *et al.*, (2008) relataram que a qualidade da carne pós-colheita e o prazo de validade dos peixes alimentados com uma dieta suplementada com alho foram melhorados.

Metwally, (2009) verificou que o teor de proteínas no peixe inteiro aumentou significativamente no grupo alimentado com uma dieta contendo alho, enquanto o teor total de lípidos e cinzas diminuiu significativamente no mesmo grupo. Estes resultados estão de acordo com os obtidos por (Abd-Elhamid *et al.*, 2002; Xiang e Liu, 2002; Khattab *et al.*, 2004; Shalaby *et al*, 2006 e El-Dakar *et al.*, 2008).

A maioria dos alimentos para peixes carece de aminoácidos que geram um aroma e um sabor palatável, como a histidina, a leucina, o ácido aspártico e a valina; os ingredientes perfumados dos peixes são geralmente grupos de base que contêm enxofre. A análise bioquímica indicou que o alho contém vários compostos de sulfureto de alquilo e o grupo-base C3H6S (O)-, que se relaciona com o aroma da carne. Por conseguinte, a adição de alho à ração poderia compensar a escassez e melhorar a qualidade da carne. A utilização de rações naturais aditivas está a tornar-se útil para a alimentação dos peixes, em vez de rações químicas clássicas, devido ao efeito cumulativo dos componentes químicos dos aditivos, que induzem efeitos dissuasores na saúde humana El-Dakar *et al.,* (2008).

Os resultados mostraram que o teor de proteínas era elevado nas dietas que continham sementes pretas, o que estava de acordo com Khalafalla e Mohsen, (2006) que descobriram que estas sementes eram ricas em proteínas, pobres em cinzas, enquanto tinham um extrato etéreo moderado, o que explica as diferenças não significativas no teor de energia entre as diferentes dietas.

CONCLUSÕES E RECOMENDAÇÕES

Conclusões:

1. A utilização de uma mistura de alho e de sementes pretas em pó para adicionar à dieta tem um impacto positivo no crescimento e no estado de saúde dos peixes. As melhores concentrações foram 5% de sementes pretas, 0,5% de alho e 1% de alho.

2. 1%, 5% de pó de sementes pretas e 0,5% de alho tiveram um efeito positivo em todos os parâmetros de crescimento, como ganho de peso, taxa de crescimento diário, taxa de crescimento específico, taxa de crescimento relativo e tiveram um bom efeito na produtividade, especialmente na taxa de conversão alimentar e nas taxas de sobrevivência. A carcaça do peixe também afectou as proteínas, a dieta do peixe afectou os lípidos e também teve um bom efeito nos parâmetros sanguíneos.

Recomendações:

1. Recomenda-se a utilização do sistema de reprodução por inanição para reduzir os custos de alimentação e melhorar o crescimento dos peixes.

2. Recomenda-se a realização de estudos mais pormenorizados sobre o efeito da mistura na resposta imunitária dos peixes contra doenças fúngicas e parasitárias.

3. Expandir o estudo para envolver mais concentrações das misturas utilizadas, a fim de otimizar melhores resultados nos padrões de crescimento e no estado de saúde.

REFERÊNCIAS

Abdel-Ghaffar, F.A., M.A. El-Feki, H.I. Faheem e M.A. Gad (2003) "Potentiating effects of some natural products on the common carp immune system against *Aeromonas hydrophila", Journal Aquatic Biology Fish* 7: 23-47.

Abdel-Hady A. A., F. A. Abdel-Azeem, A. A. Abdel-Rafea e A. G. Gamal ,(2009) "Effect of Replacement of Soybean Meal Protein by *Nigella sativa* Meal Protein on Performance of Growing Japanese Quail", *Egypt, "Poultry Science.* 29 (I): 407-422.

Abd-Elhamid, A. M., F. F. M. Khalil, M. I. EL-Barbary, V. H. Zaki, and H. S. Husien (2005) "Feeding Nile Tilapia on Biogen to Detoxify Aflatoxic Diets", 207-230 *in* Proceedings of the 1st *Annual Scientific Conference of Animal & Fish Production", Mansoura University, Egypt.*

Abd-Ellatif, A., e K. Ebraheem (1996) "Studies on the effects of *Hibiscus subdariffa, Allium sativum* and *Nigella sativa* on some bacterial isolates of chickens", *Fac. Veterinary Medicine Assut University Egypt.* 17: 245-51.

Abd-Ellatif, S.A., A.T. El-Yamany e A.F. Edaly, (2004) "Evaluation of Using Different Levels and Sources of Medicinal Herbs in Growing Japanese Quail Diets". *Egito. Journal Nutrition And Feed,* 7(1): 69-81.

Abd-Elmonem, A., S. M. M. Shalaby, e A. Y. El-Dakar (2002) "Response of red tilapia to different levels of some medicinal plants by-products: Black seed and Roquette seed meals", *Proceeding of the 1st Conference on Aquaculture El Arish, Egypt*: 247-260.

Abdullah, T. H., O., Kandil, A. Elkadi, e J. Carter (1988) "Garlic revisited: therapeutic for the major diseases of our times", *Journal National Med Association* 80:439-445.

Abou-Zeid, R.M. (1998) "Evaluation of Some Medicinal Plants as a Feed Additive in Diets of Nile tilapia *(Oreochromis niloticus)", M.Sc., Faculdade de Agricultura, El-Fayoum, Universidade do Cairo* .'41-56

Abou-Zeid, S.M. (2002) "The effects of some medical plants in reproductive and productive performance of Nile tilapia fish", *Universidade do Cairo, Faculdade de Agricultura (Tese de Doutoramento):* 212.

Abu-Elhini, J.Abd-Elkarim, A.M. Luay e M.D. Sulaiman (2013) "Impacto da fome incentivada no crescimento da (carpa comum) *Cyprinus carpio* L.", *Journal of Basra Agricultural Sciences, 26:188-182.*

Acosta, B.O., M.V. Gupta (2005) "The status of introduced carp species in Asia. In Carp genetic resources for aquaculture in Asia", *(Eds) D. J. Penman, M. Gupta, M. M. Dey, The World Fish Center, Penang. Malásia:* 121-128.

Adame. J., e H. Adame (2000) Plantas Curativas del Noreste Mexicano, Monterrey, México: Editorial Castillo 2(4): 7-11.

Adler, A. J., e B. J. Holub (1997) "Effect of Garlic and Fish-oil Supplementation on Serum Lipid and Lipoprotein Concentrations in Hypercholesterolemia Men", *American Journal Clinical Nutrition* 65: 445-50.

Agarwal, R., M. Kharya, e R. Shrivastva (1997) "Antimicrobial and antihelmenthic activities of the essential oil of *Nigella sativa", Indian Journal Experimental Biology,* 17: 1264 - 1265.

Agatha, A. N. (2012) "O Efeito do Alho *(Allium sativum)* no Crescimento e Parâmetros Hematológicos de *Clarias gariepinus* (Burchell, 1822)", *Pesquisa em Agricultura Sustentável,* 1(2): 1927-050X.

Ahilan, B., A. Nithiyapriyatharshini, e K. Ravaneshwaran (2010) "Influência de certos aditivos à base de plantas no crescimento, sobrevivência e resistência a doenças do peixe dourado, *Carassius auratus* (Linnaeus) ", *Tamilnadu Journal Veterinary Animal* Science: 6(1):5-11.

Akgul, A., (1989) "Antimicrobial activity of black cumin *(Nigella sativa* L.) Essential oil", *Gazi Journal of Faculty of Pharmacology,* 6: 63-68.

Al-Ali, A., A. Alkhawajah, M. A. Randhawa, e. N. A. Shaikh (2008) "Oral and Intraperitoneal LD50 of Thymoquinone, an Active Peinciple of *Nigella sativa,* in Mice and Rats", *Journal Ayub Medical College,* 20(2): 25-27.

Al-Ghamdi, M. (2001) "The anti- inflammatory, analgesic and antipyretic activity of *Nigella sativa", King Faisal University, college of Medicine, Journal Ethnopharmacol,* 76: 45-48.

Al-Huqail, A., e Al-Saad, F. (2010) "DNA Fingerprinting and Genotyping of Four Black Seed *(Nigella sativa* L.) Taxa", *Faculdade de Botânica e Departamento de Microbiologia, Faculdade de Ciências, Universidade Rei Saud, Riade, Arábia Saudita* 21(1): 93-108.

Ali, B. H., e G. Blunden (2003) "Pharmacological and Toxicological Properties of *Nigella sativa", Phytotherapy Joural Research,* 17(4): 299-305.

Alliot, E., M. Djabali, A. Pastoureaud, e H. Thebault (1984) "Changes in the biochemical composition of tissues in juvenile sea bass during forced starvation", *Biochemical Systematics and Ecology,* 12: 209-213.

Al-Shawy, S.A., e K. J. Al- Zaidi (2009) "Effect of using black-seed cake *(Nigella sativa)* on some physiological characters in common carp *(Cyprinus carpio,* L., 1758)", *Egyptian Journal of Nutrition and Feeds* . 1 (12):157-168.

Alvarez, D. e A.G. Nicieza (2005) "Compensatory response "defends" energy levels but not growth trajectories in brown trout", *Salmo trutta* L., *Proceeding* of *the Royal Society Biological Science,* 272: 610-607.

Aly, S. M. e M. F. Mohamed, (2010) *"Echinacea purpurea* and *Allium Sativum* as Immunostimulants in Fish Culture Using Nile Tilapia *(Oreochromis nilotic", Journal of Animal Physiology and Animal Nutrition,* 94: 31-39.

Aly, S. M., N. M. A. Atti, and M. F. Mohamed (2008) "Effect of Garlic on Survival, Growth, Resistance and Quality of *Oreochromis niloticus", International Symposium on Tilapia in Aquaculture,* 277-296.

Amagase, H. (2006) "Clarifying the real bioactive constituents of garlic", *The Journal of Nutrition,* 136 : 716-725S.

AOAC, (2000) "Association of Official Analytical Chemists, 14th ed. Official methods of analysis", *Inc.S. Willims, (Ed). U.S.A.* 1141.

Aprodu, I., A.Vasile, G. Gurau, A. lonisco, e E. Paltenea (2012) "Avaliação da Qualidade Nutricional da Carpa Comum *(Cyprinus carpio)* Enriquecida em Ácidos Gordos", *Fascículo VI-Tecnologia Alimentar,* 36(1): 61-73.

Belsinger, S. (2003) "Do cultivo à cozinha - alho: erva de The Herbarist, 69: 31-33. *(Biblioteca HSA).*

Bergner, P. (1996) "The *healing power of garlic,* Rocklin, CA: Prima Publishing.

Blumenthal, M. (2003) The American Botanical Council's Clinical Guide to Herbs, Nova Iorque: Thieme, 38-385.

Borah S., and R. N. S. Yadav (1996) "Biochemical and hematological response to starvation in an air breathing freshwater teleost", *Heteropneustes fossilis* (Bloch). *Indian Journal Fish,* 43: 307-310.

Brown, M.E. (1957) "Experimental studies physiology", *Academic Press, NewYork* 361-400 pp.

Butt, M. S., e M. T. Sultan (2010) *"Nigella sativa* : Reduces the risk of various maldies", *Critical Reviews Food Science Nutrition,* 50: 654-665.

Caruso, A. G., Maricchiolo, A. V., Micale, A. L., Genovese, A. R., Caruso, A. M., e G, Denaro (2011) "Respostas Fisiológicas à Inanição na Enguia Europeia (*Anguilla anguilla*): Effects on hematological, Biochemical, non-Specific Immune Parameters and Skin Structures". *The Open Marine Biology Journal,* (5): 3-11.

Castleman, M, (2001) "The New Healing Herbs", Emmaus, PA: *Rodale Press.* 3:105.

Cemeroglu, B. e Acar, J. (1986). "Fruit and vegetable processing technology", *Turkish Association of Food Technologists, Ankara,* 6: 508.

Chandra S., (1983) "Effect of starvation on serum glutamic pyruvic transaminase levels of freshwater cat-fish", *Clarias batrachus. Journal Comparative Physiology & Ecology,* 8: 246- 248.

Chatakondi, N. G. e R. D. Yant (2001) "Application of compensatory growth to enhance production in channel cat fish *Ictalurus punctatus", Journal World Aquaculture Society,* 32: 278-285.

Cheikh-Rouhoua, S., S. Besbesa, G. Lognayb, C.Bleckerc, C. Deroannec, e H. Attia (2008) "Sterol composition of black cumin *(Nigella sativa* L.) and Aleppo pine *(Pinus halepensis* Mill.) seed oils", *Journal Food Comparative Analysis,* 21: 162-168.

Chevallier, A. M. (1996) "The Encyclopedia of Medicinal Plant", *Dorling Kindersley: New York, NY, USA;* 237 pp.

Chin P., e Y. K. Shin (1992) "Effect of starvation on the total metabolism of *Crangon affinis"* , *Bulletin Korean Fish Society,* 25: 371-382.

Citarasu,T., M.M. Babu, R.J. Raja, Sekar e M.P.Marian (2002) "Developing Artemia Enriched Herbal Diet for Producing Quality Larvae in *Penaeus Monodon Fabricius", Asian Fisheries Science,* 15: 21-32.

Cook, J. T., A. M. Sutterlin, e M. A. Mcniven (2000) "Effect of Food Deprivation on Oxygen Consumption and Body Composition of Growth-enhanced Transgenic Atlantic Salmon *(Salmo salar),* " *Aquaculture,* 188: 47-63.

Cuesta, A., J. Meseguer, e M.A. Esteban (2004) "Total serum immunoglobulin M levels are affected by immunomodulators in Seabream (*Sparus aurata* L.)", *Veterinary Immunology and Immunopathology,* 101 (3-4): 203-210.

Davis, K.B., e T.G. Gaylord (2011) "Effect of fasting on body composition and responses to stress in sunshine bass" [Efeito do jejum na composição corporal e nas respostas ao stress no robalo]. *Fisiologia Comparativa e Bioquímica Parte A,* 158: 30-36.

Deng H., J. Wang e X. Zhang (1993) "The changes in biochemical constituents in serum liver and muscular tissue of German mirror carp under different periods of starvation", *Journal Dalian Fish College, Dolian Shulchan Xneyuan Xnebao,* 8: 57-61.

Diab A.S., S.F. Sakr, Y. M. Abd El-Hadi, e M.H. Ahmed (2006) "Evaluation of Time and Dose Related Use of *Allium sativum* (Garlic) and *Nigella sativa* (Black seeds) Mixture as Feed Additives for *Oreochromis niloticus", Egito. Journal Agriculture Research,* 84: 745-75.

Diab, A. S., S. M. Aly, G. John, Y. Abde-Hadi, e M. F. Mohammed (2008) "Effect of Garlic, Black Seed and Biogen as Immunostimulants on the Growth and Survival of Nile tilapia, *Oreochromis niloticus* (Teleostei: Cichlidae), and their Response to Artificial Infection with *Pseudomonas fluorescens", African Journal of Aquatic Science,* 33: 63-68.

Diab, A.S, G. O. El-Nagar, e Abd-El Hady (2002) "Evaluation of *Nigella sativa* (Black Seed; Baraka), *Allium sativum* (Garlic) and Biogen as Feed Additives on Growth Performance and Immunostimulant of *O. niloticus* Fingerlings", *Suez Canal University Faculty Veterinary Medicine Journal,* :745-775.

Dias, A. S., G. O. El-Nagar, e Y. M. El-Hady (2002) "Evaluation of *Nigella sativa* (black seed, baraka), *Allium sativum* (garlic) and Biogen as feed additives on growth performance and immunostimulants of *Oreochromis niloticus* fingerlings", *Suez Canal university faculty Veterinary medical Journal, 1:* 745-750.

Durrani, F. R., N. K. Chand , Zaka , A. Sultan, F. M. Khattak, e Z. Durrani (2007) "Effect of Different Levels of Feed Added Black Seed *(Nigella sativa* L.) On the Performance of Broiler Chicks", *Pakistan Journal Biology Science,* 15, 10 (22): 4164-7.

Echevarria, G., M. Martinez-Bebia, S. Zamora, (1997) "Evolution of biometric indices and plasma metabolites during prolonged starvation in European sea bass *(Dicentrarchus labrax,* L.)", *Comparative and Biochemical Physiology Part A,* 118: 111-123.

Eid, A. H., e K. A. Mohamed (2008) "Effect of using probiotic as growth promoters in commercial diets for mono sex Nile tilapia *(Oreochromis niloticus)* fingerlings", *8th international symposium of tilapia in aquaculture:* 241-253.

El-Afify, S. F. (1997) "Nutritional Studies on Onion and Garlic Supplement to Poultry Feed", *Tese de Doutoramento,* Faculdade de Agricultura da Universidade de Ain-Shams.

El-Dakar, A., Y. G. D. Hassanien, S. S. Gad, e S. E. Sakr (2008) "Use of Dried Basil Leaves as a Feeding Attractant for Hybrid Tilapia, *Oreochromis niloticus* X *Oreochromis aureus,* Fingerlings", *Mediterranean Aquaculture Journal,* 1(1): 35- 44.

El-Nawawy, H. (1991) "Some of non-Conventional Ingredients in Broiler Ration", *M. Sc. Thesis*, Faculty Agriculture Ain-Shams University.

El-Tahir, k. H., e D. M. Bakeet (2006) "The Black Seed *Nigella sativa* Linnaeus - A Mine for Multi Cures: A Plea for Urgent Clinical Evaluation of its Volatile Oil", *King Saud University Riyadh Saudi Arabia,* 1 (1): 1-19.

El-Tahir, K.H., e D. M. Bakeet (2007) "A semente negra *Nigella sativa Linnaeus* - uma mina para múltiplas curas: A plea for urgent clinical evaluation of its volatile oil", *Taba Medicinal School*, 1: 1-19.

Engeland, R. L. (1991) "*Growing great garlic: the definitive guide for organic gardeners and small farmer",* Okanogan, WA: Filaree Productions. (Biblioteca HSA), 2-57.

Facciola, S. (1998) *"Cornucopia II: a source book of edible plants",* Vista: Publicações

Kampong. (Biblioteca HSA).

Faisal, A. S. R. (2003) "Adverse Effects of some Antimicrobial Agents used in Fish", *Tese de Doutoramento,* Cairo: Universidade do Cairo, Faculdade de Medicina Veterinária.

FAO, (2010) "The State of world fisheries and Aquaculture, (SOFIA) FAO Fisheries and Aquaculture", *Departamento de Alimentação e Agricultura da Organização das Nações Unidas Roma*: 93.

FAO, (2012) "Report of the thirtieth session of the committee on fisheries", *FAO Fisheries and Aquaculture Report, Roma:* 75-1012.

Farahi, A., M. Kasiri, M. Sudagar, M.S. Iraei, e M. D. Shahkolaei (2010) "Effect of Garlic *(Allium sativum)* on Growth Factors, some Hematological Parameters and Body compositions in Rainbow Trout *(Oncorhynchus mykiss)". AACL BIOFLUX Aquacultura, Aquário, Conservação e Legislação,* 3 (4): 317323.

Fazlolahzadeh, F., K. Keramati, S. Nazifi, S. Shirian e S. Seifi (2011) "Effect of Garlic (*Allium sativum*) on Hematological Parameters and Plasma Activities of ALT and AST of Rainbow Trout in Temperature Stress", *Australian Journal of Basic and Applied Sciences*, 5 (9): 84-90.

Fenwick, G. R. e A. B. Hanley (1985) "The genus *Allium", CRC Critical Reviews in Food Science and Nutrition*, 22: 199-377.

Findlay, V.L., e B. L. Munday, (2000) "The immunomodulatory effects of levamisole on the nonspecific immune system of Atlantic salmon, *Salmo salar* L", *Journal of Fish Diseases,* 23 (6): 369-378.

Fo, T. L., X. S. Han, e H. L. Zhao, (1990) "Research and Application of Garlic Residue Premix", *Feed Industry,* 11:12-13.

Fritch R, M., e N. Frisens (2002) "Evolution, domestication and taxonomy", *In: RABINOWITCH D., CURRAH L. (eds), Allium Crop Science: Recent Advances. Wallingford, CAB International: 5--30.*

Gali-Muhtasib , H., N. El-Najjar, e R. Schneider-Stock (2006) "The medicinal potential of black seed *(Nigella sativa)* and its components". *Advanced in Phytomedicine,* 2: 133-153.

Gatlin, D. M., (2002) "Nutrition and fish health. In: Fish Nutrition (Halver JE, Hardy RW) (eds)", *Academic Press, San Diego, CA, EUA* 671-702.

Gebreyohannes, G. e M. Gebreyohannes (2013). "Valores medicinais do alho", *Revista Internacional de Medicina e Ciências Médicas,* 5 (9): 401-408.

Ghahfarokhi, M. S., M. Shokoohamiri, N. A. Rajab , B. I. Moghadas, A. Ghajari, F. Zeini, G. Sadeghi e M. R. Abyaneh (2006) "In Vitro Antifungal Activities of *Allium cepa, Allium sativum* and Ketoconazole Against some Pathogenic Yeasts and Dermatophytes", *Fitoterapia,* 77(4) : 321-332.

Gilani, A., Q. Jabeen, e M. Khan (2004) "A review of medicinal uses and pharmacological activities of *Nigella sativa", Pakistan Journal Biology Science,* 7: 441-451.

Guler, T., B. Dalkilic, O. N. Ertas, e M. Ciftci (2006) "The Effect of Dietary Black Cumin Seeds *(Nigella sativa L.)* on the Performance of Broilers", *Asian - australasian journal of animal sciences,* 19(3): 425-430.

Gullian, M. F., e R. J. Thompson (2004) "Selection of probiotic bacteria and study of their immunostimulatory effect in *Penaeus vannamei", Aquaculture,* 233: 114.

Gutiérrez, J., J. Pérez, I. Navarro, S. Zanuy, M. Carrillo (1991) "Changes in plasma glucagon and insulin associated with fasting in sea bass (*Dicentrarchus labrax)", Fish Physiology and Biochemistry,* 9: 107-112.

Haci-seferogullari, H., M. Ozcan, F. Demir, e S. Calisir (2005) "Some nutritional and technological properties of garlic *(Allium sativum* L.) ", *Journal of Food Engineering,* 68: 463-469.

Haq, A., M. Abdullatif, P. Lobo, K. Khabar , K. Sheth, e S. Alsedairy (1995) *"Nigella sativa* Effect on Human Lymphocytes and Polymorphonuclear Leucocytes Phagocytic Activity", *Immunopharmacology,* 30 (2): 147 - 155.

Hassanin, N. I. e F. M. Hassan (1996) "A preliminary Study on the Effect of *Nigella sativa* L. Seeds on Hypoglycemia", *Veterinary Medicine Journal Giza,* 44: 699-708.

Hepher, B. (1988) "Nutrition of Pond fishes", *Cambridge Univ. press,* 338 pp.

Hille, S. A. (1986) "Literature Review of the Blood Chemistry of Rainbow Trout", *Salmo gairdneri* Rich. *Journal Fisheries Biology,* 20: 535-69.

Holder, K., e D. Gaile (1996) *"A clove of garlic: garlic for health and cookery: recipes and traditions.* Edison, NJ: Chartwell *Books. (Biblioteca da HSA).*

Hung, S. S. O., W. Liu, H. Li, T. Storebakken, Y. Cui (1997) " Effect of starvation on some morphological and biochemical parameters in white sturgeon", *Acipenser transmontanus. Aquaculture,* 151: 357-363.

Hussein, M., E,. Abu-Dief, M. Abdel-Reheem e A. Elrahman (2005) "Ultrastructural evaluation of the radioprotective effects of melationin against X-rays induced skin damage in Albino rats", *International Journal Experiment Pathology,* 86: 45-55.

Hussein, S. A. (1996) "Electrophoretic Pattern of Serum Protein and Immunoglobulin Level in Chickens in Relation of Age", *Benha. Veterinary Medicine Journal,* 7: 95-107.

Hussein, S. A., H. Abd-EL-Maksoud, e M. E. Azab (2001) "Certain Biochemical Effect of Garlic Oil on Normal and Experimentally Induced Hyperlipidemia in Male Albino Rats", In: international scientific conference, 2, Mansoura, 2001. *Mansoura, Universidade de Mansoura:* 103-29.

Ibrahim, I. A., Elam, T. A., Mohamed, F. F., Awadalla, S. A. e Yousif, Y. I. (2004). "Effect of Onion and/or Garlic as Feed Additives on Growth Performance and Immunity in Broiler Muscovy Ducks" (Efeito da Cebola e/ou do Alho como Aditivos Alimentares no Desempenho do Crescimento e na Imunidade em Patos de Frango Muscovy). *A Primeira Conferência Científica Fac. Medicina Veterinária, Moshtohor, Benha-Ras Sedr:* 1-4.

Iranloye, B.O. (2002) "Effect of Chronic Garlic Feeding on some hematological Parameters", *African Journal of Biomedical Research,* 5: 81-82.

Jain, Z. (2002) "Status of carp varieties under culture in China", *Aquaculture, Asia,* 7(1): 27-28.

Janucey, K., (1982) "Carp *Cyprinus Carpio,* Nutrition Review", *In J.F. Muir e R.J.Robert (Recent advances in aquaculture,* 215 - 263.

Jeorg, H. G., e Y. W. Lee (1998) "Protective effect of daily sulfide on N-nitrosodimethylamine- induced immunosuppression in mice", *Cancer Letter,* 11, 73-9.

Ji, S. C., Takaoka, O. Jeong, G. S., S. W. Lee, K. Ishimaru, M. Seoka, e K. Takii (2007) "Dietary medicinal herbs improve growth and some non-specific immunity of red seabream *Pagrus major*", *Fish Science*, 73: 63-69.

John, G., S. Mesalhy, M. Rezk, G. El Naggar, e M. Fathi (2007) "Efeito de alguns imunoestimulantes como aditivos alimentares na sobrevivência e no desempenho do crescimento da tilápia do Nilo, *Oreochromis niloticus* e a sua resposta à infeção artificial," *Egyptian Journal of Aquatic Biology and Fisheries,* 11 (3): 1299-1308.

Johnson, C., e A. Banerji (2007) "Influência do extrato isolado da planta *Sesuvium portulacastrum* no crescimento e metabolismo do teleósteo de água doce, *Labeo rohita* (Rohu) ", *Fishery Technol* 44(2):229-234.

Kemper, K.J., R. Sarah , E. Silver-Highfield , E.Xiarhos , L. Barnes , e C. Berde (2000) "Garlic *(Allium sativum)"* The Long wood Herbal Task Force and the Center for Holistic" *Pediatric Education and Research:* 1-49.

Khalafalla, M. M. E. e M. K. Mohsen (2006) "Influência da suplementação de algumas plantas medicinais como aditivos alimentares no crescimento e utilização de alimentos em dietas de alevins de Tilápia do Nilo *(Oreochromis niloticus)*", *Egypt Journal Aquatic Biology & Fish,* (11) 3: 213-229.

Khalil, F. F. (1997) "Effect of Aflatoxin B1 (Af B1) contaminated diets with and without urbason on performance of Nile Tilapia fry", *Egyptian J. Nutrition and Feeds,* 1: 351-368.

Khalil, R. H., B. M. Nadiaand, M. K. Soliman (2001) "Effects Of Biogen And Levamisol Hydrochloride On The Immune Response Of Cultured *Oreochromis Niloticus* To *Aeromonas Hydrophila* Vaccine", *Beni-Suef Veterinary Medical Journal,* 11: 381-392.

Khattab, Y. A., A. M. E. Shalaby, S. M. Sharaf, H. I. EL-Markby, e E. H. Rizkallaeh (2004) "The Physiological Changes and Growth Performance of the Nile Tilapia *Oreochromis niloticus* after Feeding with Biogen as Growth Promoter", *Egyptian Journal of Aquatic Biology and Fisheries,* 8:145-158.

Krogdhal, A., e A. M. Bakke-Mckellep (2005) "Fasting and Refeeding Cause Rapid Changes in Intestinal Tissue Mass and Digestive Enzyme Capacities of Atlantic Salmon *(Salmo salar* L.)", *Comparitive Biochemistry Physiology A,* 141:450-460.

Lagler, K. P.(1956) "Freshwater fishery biology", *WMC. Brown Coy, Dubuque, Lowa:* 246-258.

Lanzotti. V., (2006) "The analysis of onion and garlic", *Journal of Chromatography A*, 1112: 3-22.

Lawson, L. D, (1998). "Uma revisão dos seus efeitos medicinais e compostos activos indicados In: Lawson LS, Bauer R, Editores, Phytomedicines of Europe", *Química e Atividade Biológica, ACS Symposium Series 691, Am. Chem. Soc. Washington:* 176-209.

Lee, Y. S., Chen, H. W., Kung, Y. L., Liu, C. T. e Lu, C. K. (1999) "Effects of Garlic Oils and its Organosulfur Compounds on the Activities of Hepatic Drugs Metabolizing and Antioxidant Enzymes in Rats Fed High and Dow diets", *Nutrition and Cancer,* 35*:* 160-161.

Levey, M. (1966) "The Medical Formulary", *University of Wisconsin Press: Madison, WI, EUA:* 205, 295.

Lewis, W e M. Elvin-Lewis (2003) Medical Botany "Plants Affecting Human Health", *Nova Iorque: John Wiley Interscience,* 812.

Lie O. e I. Huse (1992) "The effect of starvation on mucus composition of Atlantic salmon *(Salmo solar)", Fish-keridir Skr. Ernaering,* **5:** 11-16.

Londhe V. P., A. T. Gavasane, S. S. Nipate, D. D. Bandawane, e P. D. Chaudhari (2011)" Role of Garlic *(Allium sativum)* in various diseases: an overview", Journal of *Pharmaceutical research and opinion:* 2249-1953.

Lowery M. S., e G. N. Somero, (1990) "Starvation effects on protein synthesis in red and white muscle of the barred sand bass, *Paralabras nebulifer*", *Physiology Zoology,* 63: 630-648.

Lowery M. S., S. J. Roberts e G. N. Somero (1987) "Effects of starvation on the activities and localization of glycolytic enzymes in the white muscle of the barred sand bass *Paralabras nebulifer", Physiology Zoology,* 60: 538-549.

Luo, Q. H., J. H. He, Q. B. Liu, e M. N. Li (2008) "Effect of *Eucommia Ulmoides* and Garlic Preparations on Performance and Flesh Quality of Grass Carp *Ctenopharyngodon idella", Water Conservancy Related Fisheries,* 28: 69-71.

Lutomski, J. (1987) "Components and Biological Properties of Some *Allium* Species" *Institute of the Medicinal Plants:* 1-58.

Madhuri, S., A. K. Mandloi, G. Pandey, Y. P. Sahni (2012) "Antimicrobial activity of some medicinal plants against fish pathogens", *International Research Journal Pharmacy,* 3(4):28-30.

Mahdi, H. (1993) "Effect of *Nigella sativa L.* on the Immune System in Cirrhotic Patients", *Faculdade de Medicina, Universidade El-Azhar, Egito,* 155.

Mahmood, S. M. M. Hassan , M. Alam e F. Ahmad (2009) "Comparative Efficacy of *Nigella sativa* and *Allium sativum* as Growth Promoters in Broilers", *International Journal Agriculture Biology,* 11: 775-778.

Mansell, P., e J. Reckless (1991) "Effects on serum lipids, blood pressure, coagulation, platelet aggregation and vasodilation", *British Medical Journal* , 303: 379-380.

Martins, M. L., F. R. Moreas, D. M. Miazaki, C. D. Brum, E. M. Onaka, Jr., J. Fenerick e F. R. Bozzo (2002) "Tratamento alternativo para a infeção por Anacanthorus penilabiatus (Monogenea: Dactylogyridae) em pacas cultivadas". J. Fenerick, e F. R. Bozzo (2002) "Tratamento alternativo para infeção por *Anacanthorus penilabiatus* (Monogenea: Dactylogyridae) em pacu cultivado, *Piaractus mesopotamicus* (Osteichthyes: Characidae) no Brasil e seus efeitos hematológicos", *Parasite,* 9 (2):80-171.

Marzouk, I. A., B. Grisellhi, e El-Doush (1994) "Levels of Selenium, DL-a- Tocopherol, DL-g-tocopherol, All-trans-retinol, Thymoquinone and Thymol in Different brands of *Nigella sativa* Seeds", *Journal of Food Composition and Analysis,* 19: 167-175.

Matsuura, H. (2001) "Saponins in garlic as modifiers of the risk of cardiovascular disease", *The Journal of Nutrition,* 131: 1000S-1005S.

Mazurkiewicz, j. (2009) "Utilization of Domestic Plant Components in Diets for Common Carp *Cyprinus carpio* L.", *Inland Fisheries Institute in Olsztyn, Polónia*, 17: 5-39.

McCue, M. D., (2010) "Starvation physiology: Reviewing the different strategies animals use to survive a common challenge", *Comparative Biochemistry and Physiology, Part A,* 156: 1-18.

Metwally, M. A. A. (2009) "Effect of Garlic *(Allium sativum)* on some Antioxidant

Activities in Tilapia Nilotica *(Oreochromis niloticus)"* , *World Journal of Fish Marine Science,* 1: 56-64.

Mirsa, C. K., B. K, Das, S. C. Mukherjee, e P. K. Meher (2006) "The immunomodulatory effects of tuftsin on the non-specific immune system of Indian Major carp *(Labeo rohita)", Fish Shellfish Immunology,* 20: 728-738.

Mommsen I. P., C. L. French e P. W. Hochochka (1980) "Sites and pattern of protein and amino acid utilization during the spawning and migration of salmon", *Canadian Journal* of *Zoology,* 58: 1785-1799.

Mona Z., G., O. M. Rakha , F. Bayumi, e M. Saad (2002) "Algumas Alterações Clínicas Patológicas e Microbiológicas com Hipercolestrimia em Ovinos e um Ensaio de Tratamento com *Nigella sativa* e *Acerbato de Titânio", Boletim NRC, Egito*: 41-51.

Mukhopadhyaya P. K., S. N. Mohanty, K. M. Das, S. Sarkar e B. C. Batr (1991) "Growth and changes in carcass composition in young of *Labeo rohita* and *Cirrhinus mrigala* during feeding and starvation", In: Fish Nutrition Research in Asia. Proc. of the 4th Asian Fish, *Publicação Especial da Sociedade Asiática de Peixes,* **5:** 87-91.

Nair, S. C., M. J. Salomi, B. Panikkar, e K. R. Panikkar (1991) "Modulatory Effects of *Crocus sativus* and *Nigella sativa* Extracts on Cisplatin-Induced Toxicity in Mice", *Journal of Ethnopharmacology,* 31 (1): 75-83.

Navarro, I., J. Gutierrez (1995) "Fasting and starvation, in: Hochachka, P. W., Mommsen, T. P. (Eds.)", *Biochemistry and molecular biology of fishes. Elsevier, Amesterdão*: 393-434.

Ndong, D. e J. Fall (2007) "The effect of Garlic *(Allium sativum)* on growth and Immune Responses of Hybrid Tilapia *(Oreochromis niloticus* x *Oreochromis aureus)", Aquatic Sciences & Fisheries Abstracts/Fisheries biology, 5: 3-11.*

Nikki, J., J. Pirhonen, M. Jobling, e J. Karjalainen (2004) "Compensatory growth in juvenile *Oncorhynchus mykiss* (Walbaum), realizado individualmente. *Aquaculture,* 235: 285-296.

Nya, E. J. e B. Austin (2009) "Use of Garlic, *Allium Sativum* , to Control *Aeromonas hydrophila* Infection in Rainbow Trout, *Oncorhynchus mykiss* (Walbaum)", *Journal of*

Fish Diseases, 32: 963-970.

Ozkan, M. (1999) "The physical and chemical properties and fatty acid compositions of raw and brined Caperberries *(Capparis* spp.) ", *Tropical Journal of Agriculture and Forestry,* 23: 771-776.

Ozkan, M. e A. Akgül (1998) "Influence of species, harvest date and size on composition of capers *(Capparis spp.)* flower buds", *Nahrung/Food,* 42: 102105.

Padhye, S., S. Banerjee, A. Ahmad, R. Mohammad, e F. H. Sarkar (2008) "From Here to Eternity-the Secret of Pharaohs: Therapeutic Potential of Black Cumin Seeds and Beyond", *Cancer Therapy Journal,* 6: 495-510.

Pandey, G., S. Madhuri e A. K. Mandloi (2012) "Mandloi Medicinal plants useful in fish Diseases", *Plant Archives,* 12(1): 1-4.

Pedrazza-Chaverri, J., E. Tapia, O. N. Medina-Campos, M. Angeles Granados, e M. Franco (2006) "Garlic prevents hypertension induced by chronic inhibition of nitric oxide synthesis", *Life Science,* 62: 71-77.

Puranik, V., V. Mishra, N. Singn, G. K. Rai (2012) "Study on development of protein rich germinated green gram pickle and its preservation by using class one conservatives", *American Journal Food Technology,* 6: 742-752.

Quinton, J, C. e R. W. Blake (1990) "The effect of feed cycling and ration level on the compensatory growth-response in rainbow-trout, *Oncorhynchus mykiss"* , *Journal of Fish Biology,* 37: 33-41.

Qureshi, A. A., Z. Z. Din, Abuirmeileh, N. Burger, W. C. Ahmad, e Y. C. E. Elson (1983) " Suppression of Avian Hepatic Lipid Metabolism by Solvent Extracts of Garlic: Impact on Serum Lipids", *Journal of Nutrition,* 113: 1746-1755.

Rajyasree M., and K. R. P. Naidu (1989) "Starvation in- 124. duced changes in biochemical aspects of hepatic tissue of fish, *Labeo rohita". Indian Journal Fish,* 36: 339-341.

Ramadan, M. F., e J.T. Morsel (2003) "Analysis of glycolipids from black cumin *(Nigella sativa* L.), coriander *(Coriandrum sativum* L.) and niger *(Guizotia abyssinica* Cass.) oilseeds", *Food Chemistry,* 80: 197-204.

Columbia University Press: 643.

Tamminga, S. (1990) "Biotechnology and Improvement of Animal nutrition", *Mededelingen van de Faculteit,* 55: 1373-1382.

Tang, X. R., J. X. Li, e B. T. Gao (1997) "Application of Allithiamine in Prawn Feed", *Feed Industry,* 18: 39-40.

Tembhurne, S. V., S. Feroz, B. H. More, e D. M. Sakarkar (2014) "A review on Therapeutic Potential of *Nigella sativa* (kalonji) Seeds", *Journal of Medicinal Plants Research,* 8(3): 167-177

Thanikachalam, K. , M. T., M. K. Xavier, and R. Rathinam (2010) "Effect of Garlic Peel on Growth, Hematological Parameter and Disease resistance against *Aeromonass hydrophilain* African catfish *Clarias gariepinus*(Bloch) fingerlings", *Asian Pacific Journal of Tropical Medicine* 3(8): 614-618.

Tucker, A. O., e D. Thomas (2000) " *The big book of herbs: a comprehensive illustrated reference to herbs of flavor and fragrance",* Loveland, CO: Interweave Press. (Biblioteca HSA).

Turan F, e I. Akyurt (2005) "Effects of red clover extract on growth performance and body composition of African catfish", *Clarias gariepinus. Fish Science,* 71: 618-620.

Uten, F. (1978) "Standard methods and terminology in finfish nutrition. Pro. World Smp", *Finfish nutrition and technology,* 11: 20-23.

Vaseeharan, B., G. S. Prasad, P. Ramasamy, G. Brennan (2011) "Antibacterial Activity of *Allium Sativum* Against Multidrug-resistant *Vibrio Harveyi* Isolated from Black Gill diseased *Fenneropenaeus Indicus", Aquaculture International,* 19: 531-539.

Vosyliene, M. Z., e N. Kazlauskiene (1999) "Alterations in Fish Health State Parameters after Exposure to Different Stressors", *Ata Zoology Lituanica Hydrobiology*, 9: 83-94.

Wanapat, M., P. hejornsart, P. Pakdee, e S. Wanapat (2008) "Effect of garlic supplementation of garlic powder on rumen ecology and digestibility of nutrients in ruminants", *Journal Science Food Agriculture,* 88: 2231-2237.

Wee, K. L. e S.W. Shy (1989) "The nutritive of boiled full- fat soybean meal in pellet feed for Nile tilapia", *Aquaculture",* 81: 303-314

Wichtl. M, (2004) *"Herbal Drugs and Phytopharmaceuticals 3rd ed",* Boca Raton, Florida: Chemical Rubber Company Press.

Williamson, E. M. (2002) *"Major Herbs of Ayurveda".* Londres: Churchill Livingstone: 196-98.

Xiang, X. e C. Z. Liu (2002) "Effect of Allicin on Growth of *Colossoma Barchypomum", Fisheries Science and Technology Information,* 29: 222-225.

Xie, L. L., J. H. Cao, S. X. Yang, C. Y. Zhao, e L. Ren (2009) "The Impact of Dietary Chinese Herbal Medicines on Growth Performance and Muscular Composition in Juvenile Tilapia", *Fisheries Science,* 28: 11-14.

Yaoling, L., C. Jiunrong, S. Mengsyh, S. Mingler, Y. L., Li, J. R. Chen, M. S. Shien, e M. J. Shien (1998) "The Effects of Garlic Powder on the Hypolipidemic function and Antioxidative Status in Hamsters", *Nutrition Science* Journal, 23: 171-87.

Yin, G., Ardo, L. Z. Xu. Jeney, P., e G. Jeney (2008) "As ervas chinesas *(Lonicera japonica* e *Ganoderma lucidum*) melhoram a resposta imunitária não específica da tilápia, *Oreochromis niloticus*, e a proteção contra *Aeromonas hydrophila*. In: Bondad-Reantaso MG, Mohan CV, Crumlish M, Subasinghe RP, editores. Diseases in Asian Aquaculture VI. Manila, Filipinas", *Secção de Saúde dos Peixes, Sociedade Asiática de Pesca*: 269-82.

Zaoui, A., Cherrah, Y., Mahassini, N., Alaoui, K., Amarouch, H. e M. Hassar (2002) "Acute and Chronic Toxicity of *Nigella sativa* Fixed oil", *Phytomedicine: Revista Internacional de Fitoterapia e Fitofarmacologia*, 9 (1): 69-74.

Zeng, H., Z. L. Ren, e Q. Guo (1996) "Application of Allicin in Tilapia Feed", *China Feed,* 21: 29-30.

Ziad .H. M., Abu- Dieyeh, e S. A. Mohammad (2008) "Effect of Feeding Powdered Black Cumin Seeds *(Nigella sativa* L.) On Growth Performance of 4- weeks- old Broilers", *Journal of Animal and Veterinary Advances,* 7(3): 286-290.

Zohary, D., M. Hopf (2000) "Domestication of Plants in the Old World", *3rd ed, Oxford University Press:* Nova Iorque, NY, EUA: 206.

MIX
Papier aus verantwortungsvollen Quellen
Paper from responsible sources
FSC® C105338

Printed by Books on Demand GmbH, Norderstedt / Germany